땅이름 속에 숨은
우리 역사

新 한국의 지명유래 3

땅이름 속에 숨은 우리 역사 3

초판 제1쇄 인쇄 2010. 10. 29.
초판 제1쇄 발행 2010. 11. 5.

지은이   김 기 빈
펴낸이   김 경 희

경 영   강 숙 자
편 집   서 정 혜 박 수 용
디자인   이 영 규
영 업   문 영 준
관 리   강 신 규
경 리   김 양 헌

펴낸곳   (주)지식산업사
         본사 ● 413-832, 경기도 파주시 교하읍 문발리 520-12
              전화 (031) 955-4226~7 팩스 (031)955-4228
         서울사무소 ● 110-040, 서울시 종로구 통의동 35-18
              전화 (02)734-1978 팩스 (02)720-7900
         한글문패 지식산업사
         영문문패 www.jisik.co.kr
         전자우편 jsp@jisik.co.kr
         등록번호 1-363
         등록날짜 1969. 5. 8.

책값은 뒤표지에 있습니다.

ⓒ 김기빈, 2010
ISBN 978-89-423-3813-9 04980
ISBN 978-89-423-0050-1 (세트)

이 책을 읽고 저자에게 문의하고자 하는 이는
지식산업사 전자우편으로 연락바랍니다.

땅이름 속에 숨은 우리 역사

新 한국의 지명유래 3

김기빈

머리말

모든 존재는 자기의 이름으로서 자신의 세계를 열어 나간다. 만약 어떤 아이가 태어났으나 이름을 붙이지 않았다면, 그 아이는 출생이 성립될 수 없고, 법률상 아직 태어난 것으로 인정받지 못한다. 세상의 모든 존재는 이름에 따라 그 생명력을 부여받고, 그 이름에 기대어 자신의 이미지를 만들며 살아가게 된다.

땅이름도 이름의 한 종류이다. 우리가 땅이름의 뿌리를 찾아서 밝히는 까닭은 무엇일까. 땅이름은 땅과 인간의 상생(相生)관계, 동화(同化)관계, 생육(生育)관계를 잘 표현하는 선인들의 선험적(先驗的) 지혜의 산물이자 기층민중의 역사의식이 그 속에 녹아 있기 때문이다.

그러므로 땅이름을 연구하는 목적은 크게 세 가지로 나누어 볼 수 있다.

첫째는 어떤 곳을 무엇이라 부르는가 하는 명칭의 문제이다. 이것은 역사 현장의 위치 비정(比定)이나 지도의 표기문제, 길이름[街路名]의 제정 등 그 쓰임새가 매우 다양하다.

둘째는 왜 그렇게 부르느냐 하는 명칭의 유래와 명명 동기의 문제이다. 여기에는 명칭의 어원(語源), 구비전설(口碑傳說)이나 인물의 발자취 또는 역사적 사실 등이 그 안에 화석(化石)처럼 숨 쉬고 있어서 이에 따라서 언어, 역사, 민속, 종교, 지리 등 다양한 문화적 요소를 찾을 수 있다.

셋째는 그 명칭의 변천과정에 관한 문제이다. 땅이름도 생명유기체처럼 진화하며, 끊임없이 신진대사(新陳代謝, 지명의 생성·변천·소멸)를 되풀이 한다. 특히 행정지명의 변천과정은 국어학적 어원 연구뿐만 아니라, 봉건왕조의 정치상황이 고을 명칭에 반영된 경우도 많으며, 산이나 강, 고개, 섬과 같은 경우에도 땅이름이 변화하는 과정에 한 시대의 단면이 투영되기도 한다.

가령 충청도는 충주(忠州)와 청주(淸州)의 머리글자를 합한 이름인데, 조선 인조 때 충주에서 배역자(背逆者)가 나왔다 하여 고을을.현(縣)으로 강등시키면서 충청도에서 '충(忠)'자를 빼고 공청도(公淸道 : 공주+청주), 혹은 공홍도(公洪道 : 공주+홍주)로 바꾼 예가 있다. 또 서울 한강의 난지도(蘭芝島)는 1960~70년대 수도 서울의 쓰레기더미에 묻혀 섬이 사라졌다가, 오늘날 하늘공원과 노을공원이라는 새 이름으로 거듭 태어나기도 하였다.

이제 우리 사회도 더 이상 땅이름에 무관심할 수 없게 되었다.

곳곳에서 행정단위나 마을, 이익집단 사이에 '지명 갈등'이 드러나고 있다. 고속철도의 「천안아산역」이나 「창선삼천포대교」, 그리고 분동(分洞)이나 분구(分區)에 따른 지명 갈등 사례가 계속 늘어나고 있기 때문이다.

그리고 땅이름에 따른 '지리적 표시제'도 세계적으로 규제가 강화

되고 있다.

이미 유럽은 1958년 리스본협정을 체결하여 지명표기에 따른 지적 재산권을 인정하였으며, 1995년 세계무역기구(WTO)는 지역성에 근거한 지리적 표시제를 「무역관련지적재산권」에 포함시켰다. 우리나라도 장흥표고버섯, 고흥유자, 상주곶감, 한산모시 등 34건의 지역특산품이 「지리적표시단체표장」으로 등록되어 그 지역 주민의 소득을 20퍼센트 이상 끌어올리는 데 기여하고 있다고 한다.

이제 땅이름 위에서 한가롭게 낮잠 자면서 땅이름에 대하여 내버려 두어도 좋다고 하던 시대는 지났다. 땅이름에 대한 연구는 이제 전문가만의 몫이 아니며, 이 땅을 개발하고 가꾸어 나가야 하는 모든 이들의 과제가 되었다.

아직도 빼앗기고, 묻히고, 잊히고, 흩어진 이 땅의 이름들을 들추어 내기에 우리의 노력은 부족한 실정이며, 그러기에 이 작업은 대물림하면서 계속되어야 한다. 이 책이 그런 분들에게 조그만 근거와 격려의 자료가 되기를 소망한다.

끝으로 이 책이 나올 수 있도록 도와주신 지식산업사의 김경희 사장님과 서정혜 씨를 비롯한 편집진의 노고에 깊은 감사를 드리는 바이다.

2010년 10월

과천 관악산 밑에서 김 기 빈

차 례

1. 땅이름에 담긴 역사 이야기 _____ 13

2. 땅이름에 새겨진 인물의 발자취 _____ 73

3. 땅이름이 내다 본 국토개발 _____ 133

1

땅이름에 담긴 역사 이야기

금강

백제의 최후를 실어나른 역사의 강

錦江

북으로 흘러 수태극 이루는 배류(背流) 3대수

> 대왕포(大王浦)의 달은 속절없이 가을 밤이요,
>
> 정사암(政事巖)의 꽃은 몇 봄인고.
>
> 오늘은 두서너 집 삭막하지만,
>
> 당시에는 10만 호가 태평을 즐겼네.

옛 시인이 금강, 즉 부여의 백마강을 노래한 시이다.

그 길이가 400여 킬로미터에 이르는 금강은 낙동강과 한강에 이어 나라 안에서 세 번째로 큰 강이다. 그러나 끝내 소백산맥과 차령산맥을 넘지 못한 채 서울로 향하여 올라가다가 공주에서 서남쪽으로 활처럼 휘어져 황해[1]로 들어가고 만다.

그래서 고려 태조 왕건은 차령 이남, 공주강 밖의 사람은 반역의 성향이 있다 하여 중용하지 못하도록 '훈요십조(訓要十條)'에 남겼고, 조선왕조에서는 낙동강과 함께 궁궐을 등지고 흐르는 금강을 '배류

(背流) 3대수'로 꼽기도 하였다. 생각해 보면, 강물의 흐름이야말로 가장 낮은 곳을 향하여 흐르는 것이 자연의 섭리이자 최고의 미덕임에도, 이것을 정치적으로 해석함으로써 역사와 민족에 상처를 남긴 일은 우리가 잊지 말아야 할 가르침이라 하겠다.

강물의 흐름대로 역사도 흐르는 것인가. 갑오년 동학 농민운동 때 수만의 농민군이 서울을 향하여 올라오다가 공주 우금치에서 패전하여 시산혈하(屍山血河)를 이룬 채 물러나야 했던 비운의 역사가 마치 금강의 흐름과 통하는 것 같다.

금강은 정식 명칭인 금강(錦江) 이외에도 백마강(白馬江), 웅진강(熊津江), 적등진(赤等津), 공주강, 백강(白江), 백촌강(白村江), 진강(鎭江), 심천(深川) 등 여러 이름을 가지고 있다. 강에 이름이 많다는 것은 그만큼 강물이 지닌 사연도 많고, 역사도 많다는 뜻일 것이다.

멀리 남쪽 전라북도 장수(長水)의 수분(水分)재에서 물줄기가 시작되는 금강은 진안에 용담호를 만들고, 위로 올라와 무주 → 영동 → 옥천 → 대전을 거치면서 다시 대청호를 만든다. 신탄진에 이르러 북으로 흐르는 갑천(甲川)을 합하고, 부강을 거쳐 계룡산을 휘돌아 공주로 들어간다. 공주에서 방향을 서남쪽으로 돌린 뒤 부여에 들어가서 백마강이 되고, 강경을 지나 장항과 군산 사이에서 진강(鎭江)이 되어, 황해 바다에서 몸을 푼다.

금강의 발원지가 되는 장수는 그 이름부터가 '산이 높고 물이 길다(山高水長)'는 뜻이니 이미 금강이 먼 길을 흘러갈 것임을 예고하였고, 분수령이 되는 수분리는 원래 우리말로 '물뿌랭이'라 불렸으니 금강 물의 뿌리—강의 발원지가 되는 곳이며 금강과 섬진강으로 물이 나누어지는 분수령—수분(水分)임을 정확히 설명해주고 있다. 이 밖에도 금강 때문에 태어난 이름이 한두 가지가 아니다. 옥천(沃川)이나 신탄진(新灘津), 심천(深川), 공주(公州)와 같은 이름들이 모두 금강에 말미암은 것이다.

백마강의 '낙화암 삼천궁녀'는 후대에 잘못된 것

서기 660년 7월 18일 숯고개를 넘어 황산벌에서 백제의 5천 결사대를 무찌른 김유신의 신라군과 당나라 소정방(蘇定方)이 거느린 13만 대군이 황해를 건너고 금강을 거슬러 올라와 백제의 수도 사비성을 공격하니, 성은 마침내 함락되고 5방 37군 700여 성 76만여 호를 거느린 백제는 결국 700여 년의 막을 내린다.

사비성이 무너질 때 아비규환의 피바다 속에 도성은 7일 밤과 7일 낮 동안 철저히 불태워졌다. 무지막지하게 파괴당하여 지상에 버티고 서서 남은 것은 당나라 장수 소정방이 제 공적을 새긴 5층 석탑 하나뿐이었다.

소정방은 8월 17일 의자왕과 왕자 4명, 대신 93명, 그 밖에 남녀 포로 1만 2천 807명을 배에 태우고 금강을 내려가 당나라로 끌고 갔다. 이렇게 멸망한 백제 최후의 비극을 가장 처절하게 보여 준 곳이 바로 금강 가에 있는 부여의 낙화암이다.

금강이 부여에 이르면 백마강(白馬江)으로 불리는데, 그 백마강에 까마득하게 솟은 벼랑을 '낙화암(洛花岩)'이라 하고, 그 바위 위에는

백화정

'백화정(百花亭)'이라는 정자가 서 있다. 낙화암의 '낙화'는 꽃이 진다
는 뜻이니, 그때 당나라 군사들에게 쫓겨 온 궁궐의 부녀자들이 이곳
에서 강물로 뛰어내렸기에 붙여진 이름이요, 백화정의 '백화'는 그때
순절한 여인들을 '백제[百]의 꽃[花]'이라고 빗댄 것이다.

　그런데 흔히 '삼천 궁녀'로 알려진 백제 말기 의자왕의 궁녀 수는
분명 후대에 과장된 것으로 보아야 한다. 백제 멸망 당시에 나타났
다고 하는 이상한 징조들과 함께 3천 명의 궁녀는 백제 멸망을 필연
(必然)의 역사로 돌리려는 후대의 과장으로 볼 수밖에 없다. 조선조
때에도 궁녀의 수가 1천 명을 넘었다는 기록이 없다. 중국 황제의 경
우에도 공식적으로는 일후(一后), 육궁(六宮), 삼부인(三夫人), 구빈
(九嬪), 이십칠세부(二十七世婦), 팔십일어처(八十一御妻)를 거느렸다

고 하니, 그 숫자는 127명에 지나지 않는다. 물론 이는 궁녀를 제외한 숫자이다.

여기서 후궁 '삼천'이라는 숫자는 중국 당나라 시인 백거이(白居易)의 〈장한가(長恨歌)〉에서 비롯된 것으로서, 이 시가 워낙 유명하여 널리 애송되었으므로 이곳 낙화암에도 인용된 것으로 보인다.

> ……
>
> 밤낮 없는 잔치로 상감을 환락에 사로잡고서
>
> 봄 따라 봄에 놀고 밤마다 상감을 독차지하니
>
> 후궁에 아리따운 궁녀가 삼천 명이 있으되
>
> 삼천 명에게 베풀 사랑 한 몸으로 받았네.
>
> ……
>
> 承歡侍宴無閑暇
>
> 春從春遊夜專夜
>
> 後宮佳麗三千人
>
> 三千寵愛在一身

이것은 당나라 현종과 양귀비의 사랑을 노래한 것인데, 양귀비가 현종이 거느린 3천 궁녀의 사랑을 혼자서 독차지하였다는 내용이다.

백제 의자왕 때에 3천 궁녀가 낙화암에서 강물에 떨어져 죽었다는 이야기는 위의 백거이의 시를 인용한 것으로 보이는데, 이를테면 '삼천대천세계'니 '삼천리 강토'니 '삼천포'와 같은 이름에서 볼 수 있듯이, '3천'은 많은 숫자를 뜻하면서 우리 입에 익은 말이기 때문이다. 무엇보다 요즘 발굴되고 있는 부여의 백제 궁궐 터의 규모를 감안하더라도 '3천'이란 숫자는 참으로 터무니없는 것이다.

백제의 의자왕과 귀족들은 당나라로 끌려가서 천수(天壽)를 누리다가 죽어서 낙양성 북망산에 묻혔는데, 백제 부녀자들과 궁녀들은 천길 벼랑에서 몸을 던져 매서운 백제 여인의 정절을 보여 주었다. 자결은커녕 적국에 무릎을 꿇고 술잔을 바치는 치욕을 감수하면서 당나라로 끌려가 욕된 목숨을 부지하였던 왕과 귀족들을 어찌 낙화암의 여인들과 비교할 수 있으랴. 그래서 부여에서도 유달리 낙화암을 찾는 이가 많은 것은 이곳 벼랑에 올라서면 백제 여인들의 서릿발 같은 정절의 정신이 느껴지기 때문이다.

백마강은 '소부리 마을 강', 금강은 '큰 강'을 뜻함

부여 지방에서는 금강을 백마강이라고 부르는데 이는 어디서 비롯되었을까. 《세종실록》에는 소정방의 '조룡대 전설'이 전해지고 있다. 소정방이 백제를 공격할 때 이 강에 다다르니 갑자기 비바람이 크게 일어나므로 이는 틀림없이 용의 조화라 여겼다. 그래서 흰 말[白馬]을 미끼로 용을 낚아서 강을 건넜으며, 이로 말미암아 이 강을 백마강이라 하고, 용을 낚았던 바위를 '조룡대(釣龍臺)'라 부르게 되었다고 한다.

부여 조룡대 전설은 후대에 꾸며진 이야기로서, 이 강의 이름이 《일본서기》, 《구당서》, 《신당서》, 《삼국사기》 등에 백강(白江)으로

백마강

나오며 백촌강(白村江)은《일본서기》에, 백마강(白馬江)은《세종실록》
에서 나오기 시작한다. 그런데 백마강의 원래 이름이 사비강(泗沘江)
이요 부여에서는 소부리(所夫里)라 불렸는데, 백(白)의 소리 새김도 역
시 '숲') '삽'이 되어 같은 말임을 알 수 있다.

백(白 : sarpi)강 ― 사비(泗沘 : sapi)강＝소부리(所夫里:soburi)

백촌(白村)강＝흰 마을 강 ― 백마(白馬)강＝흰 말 강

위를 보면 알 수 있듯이 촌(村)은 곧 마(馬)이며, 이것을 종합해 보
면 백마강은 곧 '소부리 마을 강'이라는 뜻이 된다. 백마강은 백제의
강이다. 백제의 종말을 목격하고, 이 강변에 메아리치던 울음과 탄
식을 들으며 그 종말을 실어 나른 강이기 때문이다.

공주 금강 곰나루의 웅비탑

　백마강을 거슬러 올라가면 공주에 닿는다. 곰나루에서 비롯된 공주의 곰을 이야기하기 위해서는 아득히 거슬러 올라가야 한다. 곰은 예로부터 우리 민족의 국모신(國母神)이었다. 어둠 속에서 쑥과 마늘을 먹으며 시련을 이겨낸 암곰이 여성(웅녀)으로서 환웅과 혼인하여 시조인 단군을 낳았기 때문이다.

　공주의 옛 이름인 고무나ᄅ〉곰나루〉웅진(熊津)은 곰 토템을 가졌던 북방민족인 고조선의 민족 이동이 남쪽으로 이어져왔음을 잘 보여 주는 이름이다.

　옛날 한 남자가 공주의 연미산에 올라갔다가 암곰에게 붙들려 굴속에 갇혀 살게 되었는데 암곰과 관계하여 새끼까지 낳았다. 어느 날 암곰이 밖에 나간 틈을 타서 남자가 금강을 헤엄쳐 강을 건너 도망하였다. 마침 암곰이 돌아오다가 이것을 보고 서둘러 굴로 가서 새끼를 데려다가 남자에게 보이면서 소리쳤으나 남자가 못 본 체하고 강을 건너 왔더니, 암곰이 울면서 제 새끼를 강물에 던지고 저도 빠져 죽었다고 한다. 그 뒤로 공주에서는 이 나루에 곰상을 모시고 제사를 지냈으므로, 이곳을 '곰나루' 또는 '웅진(熊津)'이라 부르게 되었다고 한다.

여기서 '고마'를 국어학적으로 정리해 보면 굼(가마), 곰(고마, 고모), 검(거마, 거머) 등이 모두 '굼' 계열어로서 유현(幽玄)함, 신성(神聖)함, 큼[大], 많음[多] 등을 나타내는 말이며, 한편 방위상 뒤[後]와 북[北]을 뜻하는 것으로도 풀이하고 있다.

이것을 정리해 보면 아래와 같다.

> 큰 나루 = 고마(koma)나루 〉 곰(kom)나루 〉 웅진(熊津)
> 큰 고을 = 곰(kom)골 〉 공주(公州)
> 큰 강 = 곰(kom)강 〉 금강(錦江)

그러므로 '곰나루 — 금강 — 공주'의 세 이름은 모두 '곰'에서 비롯되었고, '곰'의 '크다'는 뜻을 함축하고 있다. 곧 금강의 '금(錦)'이나 공주의 '공(公)'은 '곰'의 사음(寫音) 표기로서 '큰 강' 또는 '큰 고을'을 나타내는 것이다.[2)]

나당 연합군에 의하여 궤멸된 백제는 두 번 망하였다. 사비성의 함락이 그 첫 번째 멸망이지만, 중국 역사서인 《송서(宋書)》, 《양서(梁書)》 등에 기록되었듯이 백제가 중국 북평(오늘날의 북경) 일대를 지배한 사실과 오늘날 백제의 문화유적과 업적 등이 온전히 평가되고 알려지지 못하고 있기 때문이다.

꼭 "백마강 달밤에……" 노래가 아니더라도 금강의 이야기는 언제나 슬프다.

---

1) '서해'는 적절한 지명 표기가 아니다. 국제 공용 표기에 따르면 황해(黃海, yellow sea)이기 때문이다. 우리가 동해에 대하여 '한국해'나 '동해'의 정당성을 주장하기 위해서는 서해에 대해서도 황해라는 표기를 지켜야 할 것이다.

2) 나주지역에서는 영산강의 옛 이름이 금강(錦江)이었으며, 동진강도 또한 금강(錦江)이라는 옛 이름을 갖고 있다. 이는 모두 '큰 강'이라는 우리말의 소리 새김 표기로 보인다.

제주도 대왕산과 어승생

몽고의 말 목장 지배 100년 역사가 시작된 곳

大王山 御乘生

말은 신화적으로 하늘과 통하는 신성한 영물이다. 신라의 고분벽화에 나오는 천마(天馬)는 하늘과 교통하면서 제왕 출현의 징표가 되어 신성하게 여겨졌다. 중국의《역경(易經)》에도 "하늘은 말을 내고, 땅은 소를 마련하였다"는 기록이 있다.

아득한 옛날 서라벌의 한 우물가에 흰 말 한 마리가 꿇어앉아 절하는 모양을 하고 있었다. 그 모습이 하도 기이하여 사람들이 가 보니 말은 사라지고 그 앞에 자주색 알이 놓여 있었다. 이 알에서 나온 임금이 신라 시조 혁거세왕이다.[1]《신증동국여지승람》에는 고구려 시조인 주몽이 굴을 통하여 조천석(朝天石)으로 타고 다녔던 기린말이 나오며, 동부여의 해부루가 탄 말이 큰 돌 앞에서 눈물을 흘리기에 돌을 굴려 그 안에 있던 금와(金蛙)를 발견했다는 이야기도 있다.[2] 이처럼 역사와 신화 곳곳에서 말은 초자연적인 세계와 감응하는 영물이었다.

지금도 제주도에서 흔히 볼 수 있는 조랑말은 제주도가 원나라의 말 목장이 되었을 때 호마(胡馬)와 향마(鄕馬)가 교접하여 생겨난 개량종이다.

제주도의 말에 대해 이야기하기 위해서는 먼저 원나라에 대항하여 제주도로 들어와 싸우다 옥쇄(玉碎)한 삼별초의 항전을 빼놓을 수 없다. 제주 항파두리 성에서 삼별초의 군대를 진압한 원나라는, 한라산 기슭 곳곳에 있는 넓고 푸른 초원을 발견하고 말 기르기 좋을 것이라 판단한다. 1276년(충렬왕 2) 원나라 탑라치[塔羅赤 : 탐라의 벼슬아치]들이 몽고 말 160필을 오늘날 남제주군 성산읍 수산리 수산평에 처음으로 방목하기 시작하였다. 그리고 수산평에 있는 대왕산(大王山), 대왕오름, 대왕악 등으로 불리는 높이 157미터의 산 위에 조감대를 세우고, 수산평에 방목한 말들을 지키게 하였다.

이 산을 '대왕산'이라 부르게 된 까닭은 이렇다. 고려 충혜왕 때 기자오(奇子敖)의 막내딸이 원나라 순제(順帝)의 황후가 되자 순제는 장인이 되는 기자오를 영안왕(榮安王)으로 봉하고, 그 선조(先祖) 3대도 추존하여 왕으로 책봉하였다. 그리고 이곳 수산평 목장은 영안왕 기자오가 관리하게 되었고, 그 감시소를 이 산 꼭대기에 두었으므로 대왕산(大王山)이라 부른 것으로 보고 있으며,《고려사》에도 기황후가 우마(牛馬)를 수산평에 방목했다는 기록이 있다.[3]

이 수산평에는 지금도 '왕주동', '왱미동끝'과 같은 이름들이 남아 있으며, 대왕산에서 시작한 제주도 몽고시대 1세기는 원나라 목호(牧胡)들의 반란을 1374년(공민왕 23) 최영 장군이 토벌함으로써 막을 내리게 된다. 오늘날 제주 속전에는 "호첩(胡妾) 앞인가, 기어 다니게"라는 말이 있는데, 이는 목호의 첩 앞에서도 벌벌 기어야 했던 슬픈 역사를 담고 있다.

고려 때 몽고의 말 목장이 처음 들어선 대왕산

　제주도의 말을 이야기할 때 빼놓을 수 없는 곳이 어승생(御乘生)이
다. 제주시 해안동, 연동, 오라동 등에 걸쳐서 높이 1천 692미터의
어승생악(어승생오름)이 있고 이 일대를 '어스생이', '어수생' 등으로
부르고 있다. '어승생'은 글자 그대로 임금이 타는 말이 태어났다는
뜻인데, 한라산 목장에서 길러진 말 가운데 임금이 타는 말로 바쳐지
는 것을 '어승마(御乘馬)' 또는 '산마(山馬)'라고 불렀기 때문이다. 이
어승생 부근에는 제주 경마장을 비롯하여 해안 공동목장, 납읍 관광
목장, 화일 목장, 이시돌 목장 등이 있고, 또 수산리의 대왕산 부근에
는 조랑말 승마장 여럿이 있을 뿐 아니라 송당 승마장, 성읍 목장 등
이 있어서 제주도가 말과 인연이 깊은 곳임을 알 수 있다.

　더욱이 요즘 텔레비전을 보니, 제주도의 어느 목장은 몽고에서 온

사람들이 말 타기와 승마 시범, 승마 전투 등을 보여 주어서 관광객들이 즐겨찾게 되었다고 한다. 옛날 원나라가 지배하던 이곳 제주도 땅에 지금은 그들의 후손들이 들어와서 말타기 시범을 보여주고 있는 것을 보니, 다시금 옛 역사를 생각하게 하였다.

　우리 민족을 기마민족의 후예라고 부른다. 말을 신성하게 여겨 마제(馬祭)를 지냈고, 여러 곳에 전해지는 영웅과 말에 얽힌 이야기(주로 말과 화살의 시합), 여러 곳에서 발굴되는 말 모양의 장신구·토기·마구(馬具), 여러 곳에 남아 있는 '철마산(鐵馬山)' 등의 지명4) 등은 말과 우리 민족의 깊은 역사를 말하는 것이다.

1) 일연,《삼국유사》권 1, 기이 1, 신라시조 혁거세왕조.

2) 일연,《삼국유사》권 1, 기이 1, 동부여 해부루왕과 금와왕조.

3) 이규태,《역사산책》, 신태양사, 1991, 366~369쪽. 대왕산은 산 중심이 움푹 패인 '굼부리' 형태로 제주도에 있는 많은 기생화산 가운데 하나이다.

4) 산꼭대기에 철마를 모셨다 하여 붙여진 '철마산', '철마봉' 등과 같은 이름은 전국적으로 40여 개소가 넘는다.

당진군 범근내와 삽교천 그리고 행담도

오페르트의 '범행'과 범근내와 행담도의 인연

犯斤乃 揷橋川 行淡島

그 이름대로 행담도에서 '잠시 쉬어갈 지어다'

여기가 어디런가

그 어떤 것으로도 막을 수 없는

만리 밖 훤히 열어놓은 바다 무한 아니런가

바람들 불어와 내 깃발을 마음껏 휘날려라 ……

길은 끝없어라

그리하여 길이 삶이고 길이 곧

진리 아니런가

나라와 나라 밖 사람들이여

부디 이 아름다운 서해대교를 지나갈 지어다

잠시 쉬어 갈 지어다.

— 고은, 〈서해영광〉 가운데서

이것은 한국도로공사에서 서해대교의 준공을 기념하여 행담도 휴

행담도 휴게소 뒤편에 있는 조형물 '천년의 문'

게소 뒤편 조형물에 새겨 놓은 시이다.

아산만의 행담도(行淡島) 동쪽은 경기도에서 흘러드는 안성천과 충청남도 내포 지방에서 흘러온 삽교천(揷橋川) 곧 범근내(犯斤乃)가 어우러져 삽교호와 아산호라는 두 인공 호수를 만들고, 다시 흘러서 황해 바다와 합쳐진다.

서해대교가 지나가는 곳에 자리 잡은 휴게 시설로 오션파크리조트가 있는 행담도는 행정구역이 충청남도 당진군 신평면 매산리에 속한 섬으로 삽교천(범근내)이 황해로 흘러들어 가는 물목이 된다.

사람들이 풀이하기를, 행담도의 '다닐 행(行)'자는 황해에 조수 간만의 차이가 가장 심한 백중사리 때, 갯벌의 물이 빠지면 건너편 신평면 매산리 쪽에서 섬으로 물건을 지고 건너다녔기 때문이며, 또

남연군묘

'물 가득할 담(淡)'자는 이곳이 평소에는 바다 가운데 있는 섬이기 때문이라고 하였다.

그런데 이 섬에 서해대교가 놓이고 고속도로 나들목과 리조트 및 휴게 시설 등이 들어서면서 수많은 사람이 드나들게 되었으니, '행(行)'자가 맞아떨어진 것이다. 또 인근의 평택항 준설공사로 바다를 파내게 되어 이 섬이 깊은 바다 가운데 놓이게 되었으니, 이는 '담(淡)'이라는 글자가 그대로 적중한 것으로 풀이된다.

그러나 행담도에 대해서는 그런 글자 풀이보다 더욱 기억해야 할 사건이 있다. 바로 1868년(고종 5)에 일어난 서양인 오페르트의 남연군 묘 도굴사건이 그것이다. 그 당시 이 섬은 오페르트가 차이나호를 타고 들어왔던 역사적인 섬이니, 이 또한 '다닐 행(行)'자와 각별한 인연이 있다고 하겠다.

유태계 독일인 오페르트는 흥선대원군의 집정 시절 상인으로서 조선에 두 번이나 들어와 통상교섭을 요청하였다. 그러나 대원군과 조정의 반대에 부딪혀 실패하자 충청도 예산에 있는 대원군의 부친 남연군의 묘를 도굴하여 그 유골과 부장품을 가지고 조선 정부와 통상 문제를 교섭하려고 하였다.

오페르트가 배 타고 올라온 범근내(犯斤乃)

그들은 680톤의 차이나호에 140여 명의 도굴단을 태우고 이곳 행담도에 상륙하였으며, 행담도에 북독일연방의 국기를 게양하고 정박하였다. 그리고 8톤급 소형 그레타호로 옮겨 타고 범근내를 거슬러 올라가 야간에 예산군 덕산면에 상륙한 뒤 남연군 묘를 파헤치기 시작하였다.

하지만 무덤 안쪽이 석회로 다져 있어서 파는 데 시간이 많이 걸린 데다가, 이를 안 덕산군수와 묘지기와 주민들이 올라오고 삽교천의 썰물 시간이 다가와, 관곽까지 파낸 상태에서 이를 버려두고 부랴부랴 퇴각하고 말았다.

오페르트의 범행은 국제적으로 파렴치한 행위인 데다가 동양의 유교적 관습으로 볼 때 도저히 용납될 수 없는 것이어서, 상해 주재 외국인들 사이에서도 큰 물의를 일으켰다. 결국 그는 국제적으로 해적과 같이 무도한 범죄를 저지른 것으로 비난을 받았고, 조선왕조는 쇄국정책을 더욱 강화하게 되었다.

그런데 그들이 배를 타고 올라온 삽교천의 옛 이름은 '범근내(犯斤

乃)'였다. 여기서 '범근내'는 범근내포(犯斤乃浦), 범근천(犯斤川), 또는 범천(泛川) 등으로도 기록되었다. 여기서 '범근'의 한자 표기는 별다른 의미가 없고 우리말의 '버근'을 적기 위한 것인데, 버근은 '작은' 또는 '다음가는' 등의 뜻을 지닌 말이다. 《소학언해》에 나오는 '버근며느리'는 바로 '작은며느리'를 뜻하며, 버근은 '부(副)' 또는 '차(次)'로서 으뜸의 바로 아래를 말한다.[1]

삽교천의 상류인 홍성 지방에서는 삽교천을 금마천(金馬川)[2]이라 부르고, 중류인 예산군 덕산에서는 신교천(薪橋川) 또는 사읍교천(沙邑橋川)[3], 최하류에서는 삽교천 또는 범근내(버금내)라고 불렀다. 여기서 '삽교천과 범근내'는 즉 '작은 내'라는 뜻으로 아산만(평택과 당진 사이의 바다)에 견주어 작은 내(또는 포구)임을 말하며, '내(乃)'는 '천(川)'을 의미한다.[4]

그런데 신통한 것은 '범근(犯斤)'이 곧 '범행과 도끼'를 뜻한다는 점이다. 이것은 마치 오페르트 일당이 남연군 묘를 도굴하고 삽교천을 거슬러 올라온 역사적 사건, 그 범행을 뜻하는 것으로 풀이된다. 하기는 '범근내'와 '행담도'의 머리글자를 합하면 그 또한 '범행(犯行)'이라는 단어가 만들어지니, 이 또한 기막힌 역사의 한 편을 보고있는 듯하다.

내포(內浦) 지방은 충청남도에서도 삽교천(揷橋川)[5]의 서쪽, 곧 예당평야의 서쪽 지방을 말하며, '내포(內浦)'란 범근내포, 즉 삽교천이 아산만 안쪽으로 깊숙하게 들어와 자리잡은 포구라는 뜻이다. 이 내포 지방에 '범근내'니 '행담도'니 하는 이름들은 마치 조선왕조가 혼미를 거듭하던 시절의 역사 한 토막을 증언하고 있는 것 같지 않은가?

1) 백문식, 《우리 말의 뿌리를 찾아서》, 삼광출판사, 1998, 193쪽.

2) 금마천의 '금마'는 '곰'계의 지명어로서 큰 하천 ─ 고마천 ─ 웅천과 같은 이름으로 풀이된다. 금마천 상류인 홍성 지방에는 이 지방 출신인 최영 장군의 말무덤에 관한 전설이 전해지고 있다.

3) 신교천 ─ 사읍교천은 '신(薪)=삽(섭, 땔감)=사읍'으로 풀이되고, 한편 백제어에서 '회다'는 뜻의 '솝 ─ 소부리(사비)'와도 관련이 있을 것으로 보인다. 이는 학계의 검토가 필요한 부분이다.

4) 김추윤, 〈버그내와 삽교천 지명고〉, 한국땅이름학회 학술발표회 논문, 2003. 11, 3쪽.

5) 삽교천의 '삽(揷)'은 예산군 덕산 신교천의 신(薪)=삽(사읍), 또는 '섭'의 소리 빌림 글자일 뿐이다.

평택시 몰왜보와 청망명
조선 쟁탈에 나선 청군과 일본군의 싸움터
沒倭洑 清亡坪

"평택이 깨지나 아산이 무너지나"

"평택이 깨지나 아산이 무너지나." 이 말은 평택과 아산 두 지방의 민속경연대회와 같은 승부를 두고 생겨난 말이 아니다. 조선 말기 한반도를 가운데 놓고 벌인 청나라와 일본의 무력 대결이 이곳 소사벌 일대에서 결판났는데, 이 말은 평택에서 벌어진 소사벌의 육군 싸움과 아산만의 풍도(楓島)에서 일어난 해군 싸움을 빗댄 말로서, 그 당시 한반도를 둘러싼 동양 정세에 대한 날카로운 역사의식이 담겨 있다.

"물은 천천히 흐르고 산이 낮으며 기름진 들은 평평하다" 그리고 "이 땅은 바다와 가까워 물고기와 게가 풍부하다"고 옛 시인들이 노래할 만큼 평택은 바다와 가깝고 안성천 물이 흘러들어 기름지며 넓은 들판을 만들어내는 곳이기도 하다.

그러나 하삼도(下三道:충청도, 경상도, 전라도)와 서울을 연결하는 교통의 요충지일 뿐만 아니라, 황해를 끼고 있는 평택의 지정학적 특성 때문에 큰 전쟁 때마다 각축장이 되었다.

평택시 유천동과 충남 천안시 성환읍의 경계를 흐르는 안성천에는 그전에 군두보 또는 몰왜보(沒倭洑)라고 불리는 보(洑)가 있었고, 그 동쪽 들판은 소사(素砂)벌 또는 청망평(淸亡坪 : 일명 청망잇들)이라 불리고 있다. 또 그 주변에는 군문동(軍門洞)이니 복병(伏兵)재니 하는 이름들이 남아 있어 이곳이 지난날 싸움터였음을 말해주고 있다. 이 지역은 삼국시대부터 격전지였던 것으로 보이는데, 이곳 토탄층에서 삼국시대의 투구 장식품 등이 나왔기 때문이다. 그러나 그에 관한 역사적 사실을 입증할 만한 근거는 아직 빈약하다.

또 평택은 임진왜란 때 명나라 군사와 왜적 사이에 큰 싸움이 벌어졌던 곳이다. 1597년 정유재란이 일어나자 남원을 점령한 왜적은 공주를 거쳐 북진하였고, 이때 명나라 구원군 4천의 병력이 이곳 소사벌에 주둔하고 있었다. 마침내 명군과 북쪽으로 올라오던 왜적이 이곳에서 피를 뿌리는 한판 싸움을 벌였는데 이때 왜적이 크게 패하였으며, 근래까지 밭에서 그때 사용했던 창이나 칼이 나왔다고 한다.

그리고 1894년(고종 31) 6월 동학농민혁명군이 봉기하자, 이를 진압하려고 조선 정부는 청나라 군사를 불러들였고, 청나라 군대가 들어오게 되자, 이를 핑계 삼아 일본군도 7천 명의 병력을 인천에 상륙시켰다.

그해 6월 초에 아산만 풍도에서 일본 해군은 청군 함대에 대하여 선전포고 없이 (진주만 기습 등에서 그랬듯이 선전포고 없는 공격은 일본군 특유의 군사 전술이다) 공격하여 무너뜨렸으며, 육지에서는 일본 육군과 청나라 군사가 정유재란 뒤 300년 만에 이곳 소사벌에서 다시 대치하게 되었다.

300년 만에 다시 벌어진 중국과 일본의 대결

이 땅에서 두 번째로 중국과 일본의 군대가 맞붙게 되었는데, 당시 제국주의 국가 일본은 수단과 방법을 가리지 않고 조선을 침략할 준비를 하고 있었으므로, 동학농민혁명군의 봉기는 일본에게 절호의 기회를 제공한 셈이었다.

여기에 조선 정부는 동학혁명군을 자기의 힘으로 해결하지 못하고 청나라 군사에게 토벌을 의뢰함으로써 주권국가로서 갖춰야 할 통치력을 의심받게 되었다. 그 결과 불청객이었던 일본군이 청·일 양국의 기존 합의에 따라 조선에 출병하게 되었고, 조선에서 지배권을 지키려는 청나라와 조선을 식민지화하려는 일본과의 무력 충돌은 이제 불가피한 상황이 되었다.

소사벌 싸움은 처음에는 일본군이 청나라 군사의 매복 작전에 말려들어 일본군 대위 하쓰사키(松崎)가 이끄는 1개 중대가 군두보에 빠져서 몰살당하였으므로, 뒷날 이 보를 '몰왜보(沒倭洑)'라 부르게 되었다. 그러나 뒤이은 전투에서 청나라 제독 섭지초(葉指超)의 군사들이 새벽밥을 먹다가 일본군에게 기습 공격을 당하여 소사벌이 청나라 군사들의 도살장이 되고 말았으므로, 이 들판을 청나라가 망한 들판이라는 뜻에서 '청망잇들'이라 부르게 되었다.

청군의 비참한 이야기는 여기서 더 이어진다. 이 싸움에서 패한 청나라 군사들이 흩어져 도망가다가 다시 충북 옥천군 옥천읍 서정리에 집결하여 진을 쳤으므로, 이곳을 지금도 '청진(淸陣)'이라 부르고 있다.

한번 무너지기 시작한 청나라 군대는 일본군에게 계속 쫓기게 되었으며, 견디다 못한 청나라 군사들이 바삐 우리 백성들의 옷으로 갈아입고 상투를 틀고 뿔뿔이 흩어져 도망을 쳤다. 그러나 우리말을 할 수 없으므로 모두 일본군에 붙잡혀 죽었다고 한다.

생각해 보면 청일전쟁은 아산(풍도)과 평택(소사벌)에서 모두 일본군의 승리로 끝나서 조선의 종주국이라 자처하던 청나라가 조선에서 물러나게 되었고, 그 대신 신흥 일본 세력이 조선을 무력으로 강점하는 데 교두보 구실을 하였다.

그리고 300년 전 중국(명나라) 군대와 일본(왜) 군대가 이곳에서 싸울 때에는 중국이 승리하였으나, 청일전쟁에서는 청나라가 대패하여 서구 문물을 받아들인 일본이 세상 물정 모르고 잠자고 있던 청나라를 꺾게 되는 역사 발전의 법칙을 이곳에서 증명한 셈이다.

몰왜보, 청망잇들, 청진과 같은 땅이름들은 이 나라 이 땅이 한때 침략자들에게 서로 차지하려는 제물이 되어 그들의 전쟁터로 사용되었던 쓰라린 상흔을 말해주고 있다. 이것이야말로 땅이름을 통해 살아 있는 역사의 교훈을 배우는 일이 아니고 무엇이겠는가.

대마도
원래 신라 때부터 경상도에 속한 우리 땅

對馬島

태종 때 정벌되어 조선에 복속된 땅

대마도는 경상도 계림에 예속되어 있었으니 본래 우리나라 땅이라는 것은 문적에 실려 있으나, 그 땅이 바다 가운데 있으므로 왕래가 막히고 우리 백성도 살지 아니하였으며, 제 나라에서 쫓겨나 돌아갈 곳 없는 왜노들이 모두 와서 굴혈(掘穴)을 만들어 살았으니…… 만일 뉘우쳐 내항(來降)을 한다면 도도웅와(대마도주)에게는 좋은 벼슬을 주고 후한 녹을 내릴 것이며, 또 그 나머지 여러 무리들도 모두 우리 백성으로 여겨서 일시동인(一視同仁)할 것이니 바라건대 족하(足下)는 생각해 보라.

이는 1419년(세종 원년) 상왕(태종)이 대마도 정벌에 앞서서 병조판서 조말생에게 명하여 대마도주에게 보낸 글이다. 이 글에는 "모두 우리 백성으로 여겨서 일시동인할 것"이라는 말이 나오는데, 이 말처럼 대마도는 우리 땅이었던 곳이다.

그래서 여러 고지도를 보면 대마도와 유구(琉球:오키나와)가 울릉도, 독도와 함께 우리 땅으로 그려져 있는 경우가 많은 것이다. 이뿐만 아니라 대마도에서 백제계·가야계·신라계 순으로 한국계 토기들이 출토되고 있으며, 대마도가 삼국시대 이후 신라에 예속되었음을 《동국여지승람》이나 위의 세종대왕 유서(諭書)에 잘 나타나 있다.

고려시대에도 1368년(공민왕 17) 대마도주에게 '만호(萬戶)'라는 관직을 내리고 토산물로 조공을 바치게 한 기록 등 여러 가지가 있다.

이와 같은 대마도의 고려 복속 관계는 몽고가 고려의 자주권을 박탈하고, 1274년과 1281년 두 차례에 걸쳐 고려와 원나라의 여몽 연합군이 일본 정벌을 단행하면서부터 단절되었다.

그 뒤 대마도는 전란·흉년·기근으로 말미암아 주민들이 사생결단으로 노략질을 자행하는 왜구의 소굴로 전락하였다(물론 그 이전에도 왜구는 있었다). 고질적이며 극심하게 왜구가 날뛰는 것을 견디다 못한 조선은 마침내 국가적으로 대처하여 이에 응징하는데, 이것이 1419년 세종 때의 '대마도 정벌'이다(물론 이는 상왕인 태종의 주도로 이루어졌다).

태종은 이종무(李從茂, 1360~1425, 묘소는 용인시 수지읍 고기리 산 79번지에 있다)를 삼군도체찰사(三軍都體察使)로 임명하여 전함 227척, 군사 1만 7천 명, 군량 65일분을 싣고 출정하게 하여 마침내 대마도를 점령하였으며, 이때 대마도주는 왜구의 발호를 막지 못한 점을 백배사죄하였다. 그리고 이후 마음을 다해 귀순(歸順)할 것임을 약속하였다.[1]

이에 따라 역사적인 삼포(三浦) 개항이 이루어지고 대마도주에게 여러 가지 무역이 허가되는 등 특전을 베풀었다. 그러나 삼포왜란과 임진왜란으로 다시 교린(交隣)이 단절되었으며, 그 뒤 1609년(광해군 1)에 기유조약을 체결하여 대마도는 일본이 명치유신을 이룰 때까지 조선과 교린 관계가 계속되었다.

그럼에도 조선왕조는 왜 대마도를 일본에 빼앗기게 된 것일까. 비록 조선왕조의 정책이 섬을 비워두는 공도(空島) 정책을 썼다든지 변방의 영토 관리에 소홀하였다든지 하는 여러 가지 문제점이 있었다고 할지라도, 이처럼 큰 섬을 남의 손에 내던져버릴 수는 없다.

부산으로부터 50킬로미터에 지나지 않고 일본의 규슈 본토로부터는 147킬로미터나 떨어져 있는 대마도를 일본에 넘겨주고 만 것은, 조정에서 대마도에 대한 근본적인 영토 인식이 허술하였고, 대마도를 '귀찮은 존재'로 보았기 때문일 것이다.

대마도는 우리말로 두 섬을 뜻하는 '쯔시마'

임진왜란 이전까지도 일본과 조선 사이에서 눈치를 보던 대마도주는 임진왜란을 전후하여 사실상 일본의 압력에 굴복하였고, 임진왜란에는 일본군 선발대의 안내로 앞장서게 된다.

사실 그 뒤 한일합방으로 조선이 일본에 국권을 상실해 버린 마당에 새삼스레 대마도의 영토 귀속문제를 언급하는 것은 그 당시 지극히 비현실적인 이야기로 인식될 수도 있을 것이다.

그러나 그보다 앞선 역사 속에서 엄연히 우리 땅이었던 대마도를 덮어두거나 지워버릴 수는 없는 일이다. 그것은 우리가 잃어버린 영토, 즉 만주와 연해주를 포함한 광활한 대륙이 곧 우리의 고향 땅이었음을 잊지 않는 것과 다름이 없다.

일본의 철저한 섬나라 근성[島國根性]이 가장 잘 드러나는 부분이 바로 주변의 섬에 대한 그들의 지배 욕심이다. 태평양전쟁을 일으키고 개전 초기부터 태평양의 여러 섬을 차례차례 점령해 나갔듯이 (물론 패전 후 반환되었지만) 우리나라와는 독도에 관하여, 중국과는 조어도(일본은 센카쿠 열도라고 한다) 등에 관하여, 러시아와는 북방의 여러 섬에 관하여 분쟁을 벌이고 있다. 이미 그 이전에 이곳 대마도와 오키나와를 그들의 영토로 만들어버린 전례도 여기서 빼놓을 수 없다.

'대마'라는 이름은 《삼국지》 위지 동이전에 '대마국'이라는 이름으로 처음 나온다. 그 밖에 도사마(都斯麻), 진도(津島) 등으로도 기록되어 있으나 대부분 '대마'로 씌어 있다.

지도를 보면 금방 알 수 있듯이 대마도는 두 개의 섬으로 되어 있다. 그 남쪽 섬을 '가미지마(上島)', 북쪽에 있는 섬을 '시모지마(下島)'라고 하는데, 행정구역으로는 반대로 남쪽 섬을 하현군(下縣郡), 북쪽 섬을 상현군(上縣郡)이라고 한다. 그러나 여기서 '상'과 '하'의 구분은 이따금 바뀌기도 하였는데, 대마도의 처지에서 조선을 본위로 하느냐, 일본을 중심으로 하느냐에 따라 상·하가 바뀌었다고 한다.

그러므로 '대마도'라는 이름은 우리말의 '두(쓰)'와 '섬(시마)'이 합쳐져 '쓰시마'가 된 것이라는 최남선의 주장이 있고, 또 일본 지명에 대하여 깊이 연구한 이병선 교수는 한(韓)을 일본어로 '가라'라고 읽고 말[馬]도 '가라'로 읽는 것을 근거로 '대마도'라는 이름을 '한(韓)'과 '가라(馬)'의 중복 표기로 보았다.

그 밖에 일본에서는 '대마(對馬)'를 '마한(馬韓)에 대(對)한다'는 뜻으로 글자 그대로 풀이하기도 하고, 한편 대마도가 일본에서 대륙으로 건너가는 진(津:쯔)이 있는 섬(시마)이므로 '쯔시마'로 부른다고 보는 견해도 있다. 그러나 필자는 우리말로 두 섬을 뜻하는 쯔시마가 대마도로 변한 것이라는 최남선의 주장에 공감하고 있다.

덧무늬토기 등이 출토된 대마도 서쪽의 문화유적지 부근에는 오늘날도 변함없이 부산 등지에서 버린 비닐 제품이나 포장지 등이 조류를 타고 표착한다고 한다. 이와 같은 현상은 옛날에도 조류를 이용하여 뗏목이나 배를 타고 왕래하였을 때 그 기착지가 이 근처가 되었을 것임을 시사해 준다.

운 좋게 날씨가 맑은 날 부산 태종대에서 멀리 남쪽을 바라보면 수평선에 아련하게 나타나는 섬이 바로 대마도이다. 그런데 부산에서 바라보는 대마도는 대마도의 북쪽 끝이며, 거제도나 가덕도에서 바라보는 대마도는 그 서쪽 해안이 된다고 한다.

대마도에는 고려산이니 국견산(國見山)이니 한기(韓崎)니 한량(韓良)이니 하는 많은 땅이름들이 남아서 이곳이 옛날 우리 땅이었음을 말해주고 있다. 땅이름은 고고 유물처럼 그 땅의 옛 역사를 밝혀 주는 소중한 자료가 되고 있음을 대마도에서 다시 확인하게 되는 것이다.

---

1) 한국출판사, 《국사대사전》, 1982, 388~389쪽.

정족리와 정족산, 정족동과 정암
솥은 국위와 왕권, 도읍지와 직장, 안정과 균형의 상징

鼎足里 鼎足山 鼎足洞 鼎岩

고대국가 왕권의 상징, 제위 전승의 보기(寶器)

2005년 11월 무렵 김대중 전 대통령을 찾아간 민주당 지도부가 '밥솥 농담'을 해서 그를 즐겁게 해 주었다는 이야기가 보도되었다. 그 내용인즉 "이승만이 마련한 솥에 박정희가 밥을 했고, 전두환이 그 밥을 먹었다. 노태우는 누룽지까지 긁어 먹었고, 김영삼이 IMF로 밥솥을 잃어 버렸다. 김대중이 새로 장만한 전기밥솥에 노무현이 코드를 꽂았는데, 코드가 안 맞아 고장 났다"는 것이다.[1]

농담 삼아 역대 대통령의 치적이나 그 상황을 밥솥에 빗대어 본 것이지만, 고대사회부터 솥은 곧 국가를 상징하였으니, 한 나라를 대표하는 그 정점을 대통령이라고 볼 때, 이 이야기는 여러 가지로 시사하는 바가 있다.

동양 사회에서 역사적으로 솥이 상징하는 바를 필자는 크게 네 가지로 나누어 생각해 보았다. 첫째는 솥이 한 나라의 왕권이나 국위를 상징하고, 둘째는 백성들의 살림살이인 그들의 생업이나 일터(직장)를 나타내며, 셋째는 국가 사회의 안정과 협력을 상징하고, 넷째는 '정족(鼎足)'이라는 말이 나라의 도읍지를 뜻하였다는 점이다.

하(夏)나라 우왕(禹王)은 천하 9주의 쇠를 거두어들여 9개의 솥을 주조하고, 이것을 제후국에 나누어줌으로써 이 솥이 제위(帝位) 전승의 보기(寶器)가 되게 하였다. 이것은 제정일치 시대에 신과 조상에 대한 제사가 가장 중요시되었고, 이때 신의 가호를 받기 위하여 희생 제물을 삶는 솥이 그만큼 중요하였던 것을 의미하기도 한다.

《천문지(天文志)》의 맨 앞부분에는 정성(鼎星), 즉 솥별이 나오는데 고대의 점성술은 이 별의 동태를 살피는 데서 시작되었다고 한다. 솥은 나라의 신기(神器)이므로 이 별이 흔들려 보이면 앞으로 나라가 불안해 질 것으로 해석하였다. 한편 중국 북경 자금성의 궁궐이나 서울 경복궁 근정전 좌우에 있는 솥 또한 '솥=왕권=국위'라는 상징과 함께, 이 신성한 솥에서 만든 음식으로 천하의 어진 이를 향응(響應)하고, 훌륭한 인재를 불러들여 어진 정치를 편다는 뜻을 함축하고 있었다.

의령 남강의 솥바위, 우리나라 최대의 밥솥을 상징

솥은 백성들의 살림살이이자 그들의 생업이나 일터, 즉 경제적인 생활을 상징하였다. 집을 새로 짓거나 이사할 때 맨 먼저 부뚜막에 솥부터 거는 관습이 있었던 것은 솥이 곧 살림살이의 시작을 뜻하였기 때문이다. 2004년도에 음식점을 운영하는 업체들이 서울 여의도 광장에 솥을 쌓아 놓고 정부 정책에 거세게 항의한 적이 있었다. 이 사건의 발단은 자세히 기억나지 않는데, 비 오는 날 솥을 광장에 쌓아 놓고 시위하는 모습이 매우 인상적이었다. 솥을 내다 버리는 것은 영세업자들이 살림살이를 꾸려나갈 수 없는 절망적 상황이거나, 생활을 포기한다는 뜻으로, 여기에서 솥이 곧 살림살이라는 의미가 잘 드러나고 있다.

같은 맥락에서 솥은 사람들의 일터이며 공동체적 유대 관계를 나타낸다. 솥이 단순한 살림살이 도구가 아니라 생업의 기본이 되는 일터로서 가족적 결속이나 직장의 단합, 공동체의 유대 관계를 말할 때 '한 솥밥을 먹는다'고 말하기 때문이다. 솥은 고대의 공동체 사회에서부터 평등과 나눔을 실천하는 도구였으며, 이 솥 주위에 둘러앉아 결속을 다지고 신뢰를 쌓는 어울림의 한마당이 만들어졌던 것이다.

이 솥과 현대 사회의 일터(직장)를 생각하다 보면, 꼭 소개해야 할 곳이 있는데 바로 경상남도 의령군 의령읍에 있는 '솥바위', 즉 '정암(鼎岩)'이다.

> 정암진 봄물은 비단을 펼친 듯 푸르고
>
> 가을바람에 자굴산은 병풍을 펼친 듯 산뜻하네.[2]

이곳은 남강 가운데 세 발 달린 솥을 걸어놓은 것 같은 솥바위(일명 솥대바위)가 서 있어서 예로부터 그 뛰어난 풍치를 자랑하는 곳이기도 하지만, 임진왜란 때에는 의병장 곽재우(郭再祐, 1552~1617) 장군이 왜적을 맞아 싸워 크게 승리한 '정암진 대첩지'이다.

그런데 의령 지방의 사람들은 이 솥바위를 중심으로 이십 리 안팎에서 큰 부자가 많이 나올 것이라고 믿고 있는데, 놀랍게도 그 말이 현실로 이루어졌다. 이 나라 재벌의 선두를 이끄는 삼성그룹의 창업

의령 남강의 정암루와 솥바위

주가 이곳 의령군 정곡면 중교리 출신이며, LG 그룹의 창업주가 진주시 지수면에서 나왔고, 효성그룹의 창업주 또한 함안군 군북면에서 나왔기 때문이다.

솥은 '삼분천하', '삼권분립', '안정과 균형'의 상징

솥은 밥을 짓는 곳이요 밥을 짓기 위해서는 직장이 있어야 되는데, 이 솥바위 인근에서 우리나라 굴지의 재벌 그룹 창업주가 세 명 나왔으니 솥바위(일터)는 그 이름대로 할 일을 다 하면서 우리나라 최대의 밥솥이 되었고, 가장 많이 '한솥밥 먹는 사람들'을 만들어낸 것이다.

또 솥은 '안정과 협력', '안정과 균형'을 상징한다. 3개의 발이 달린 솥을 '정(鼎)'이라 하고 발이 없는 솥을 '부(釜)'라 썼는데, 여기서 말하

ⓒ 경남 의령군 문화체육과

는 솥은 3개의 발이 달린 솥, 즉 고전적인 의미의 솥을 말한다. 중국의 삼국시대에 위·촉·오의 세 나라가 일어선 것을 솥의 세 발에 빗대어 '삼국정립(三國鼎立)'이라 하였고, 또 '삼분천하(三分天下)'라고도 하였다. 이 말은 우리나라의 삼한시대나 삼국시대에도 사용되었다.

한편 삼공(三公)이라 하여 세 정승이 왕을 보필하는 것도 세 다리가 서로 협력하며 균형을 유지하여 천하가 안정되는 것을 의미하였다. 무엇보다 오늘날의 '삼권분립' 이론이 비록 서구에서 들어온 제도이기는 하지만, 입법·사법·행정의 세 기능이 서로 균형을 유지하며 안정하도록 한 것은 동양적인 '삼국정립'이나 '삼분천하'의 이론과 그 발상에 큰 차이가 없다.

《천문지》를 보면 태양 속에 세 발 달린 까마귀가 있는데 이것이

보이지 않으면 나라에 기근·대홍수가 들거나 나라가 망한다고 하였다. 여기서 세 발 달린 까마귀, 즉 삼족오(三足烏)는 단순한 새의 이름이 아니라 '불—검정—희생'으로 상징되는 권력의 새이다. 세 발 달린 솥과 같은 세 발 달린 까마귀는 곧 태양과 임금을 상징하기 때문에 이것이 보이지 않으면 큰 흉조로 판단하였다.

그리고 '정족(鼎足)'은 고대 국가의 도읍지를 뜻하였다. 앞에서 이미 언급했듯이 솥은 고대 국가에서 하늘에 제사 드리는 제기(祭器)이자 신권(神權)을 상징하는 신기(神器)요, 왕권을 나타내는 보기(寶器)였다. 이 솥은 세 개의 발로 서 있는데 '삼(三)=서'로서 세 개의 발은 '서발'이 된다. 그리고 세 개의 발은 삼각(三角)을 이루게 되는데 '각(角)'의 훈이 '뿔(불)'로 '서불=서울'이 된다.[3] 이것을 다시 정리해 보면 '정족(鼎足)'은 솥발(서울), '삼족(三足)'은 서발(서울), '삼각(三角)'은 서불(서울)로 풀이할 수 있다.

여기서 고대 국가의 도읍지였으며 오늘날 '정족(鼎足)'이라는 이름으로 불리고 있는 곳 가운데서 몇 군데를 추려 여기에 적어 본다.

· 정족리(鼎足里): 강원도 춘천시 신동면. 이 지역은 고대 맥국(貊國)의 도읍지로 짐작되고 있음.

· 정족산(鼎足山): 인천광역시 강화군 길상면 온수리. 단군의 세 아들 축성설이 전해지는 삼랑성(정족산성)이 있음.[4]

· 정족동(鼎足洞): 전라북도 익산시 삼성동의 법정동. 익산지역은 옛 마한의 도읍지로 보고 있음.

　·정족산(鼎足山): 울산광역시 울주군 삼동면과 경상남도 양산시 하북
　　면의 경계. 고대 부족국가가 있었다고 인정되는 일대임.

　여기까지 고대 국가에서부터 솥이 의미하는 바를 네 가지로 나누
어 생각해 보았다.

　솥은 국가의 권위요, 나라의 상징이다. 국제사회를 포함하여 나라
안팎으로 정부의 체통이 바로서야 하는 것은 두말할 필요도 없는 일
이다. 한 나라의 수도가 그 나라의 체통을 나타내듯이, 대통령은 그
나라의 권위이며 스승은 학교의 권위이고 부모는 가정의 권위이다.
'권위'라는 말에 거부감을 느끼는 사람들은 아마도 '권력'과 '권위'를
혼동하기 때문일 것이다.

　솥은 백성들의 살림살이요, 그들의 생업이며 일터를 나타낸다. 국
가의 여러 정책이 영세 서민들의 생활을 보호하고, 그들의 생업을 지
켜줌으로써 삶을 포기하는 일이 없도록 정부는 늘 살펴야 한다.

---

1) 〈만물상〉,《조선일보》, 2005. 11. 18일자.

2) 이행 외,《신증동국여지승람》, 의령현 산천조.

3) '서불'은 뒤에 유성음 사이의 'ㅂ'이 탈락하여 '서울'이 되었다.

4) 육당 최남선은 삼랑성의 '삼랑(三郞)'과 '정족(鼎足)'은 같은 말의 두 가지 표기라 하였으며,
　모두가 '서블〉서울' 곧 신읍(神邑)을 아역(雅譯)한 것으로 보았다.

군위군 인각사

우리 역사의 보고(寶庫)인 삼국유사가 씌어진 곳

麟角寺

주체적으로 단군 개국의 대서사시를 기록한 역사서

머리말로서 적는다.

대체로 옛날 성인은 예악으로써 나라를 세웠고, '인'과 '의'를 가지고 가르침을 베풀었다. 그런데 괴력난신(怪力亂神)에 대해서는 말하지 않았다. 하지만 제왕이 일어날 때에는 반드시 부명(符命)을 얻고, 도록(圖鐐)을 받게 된다. 때문에 보통 사람과는 다른 점이 있게 마련이다.……그런 까닭에 하수(河水)에서 그림이 나왔고 낙수(洛水)에서 글이 나와서 이로써 성인이 일어났던 것이다. 무지개가 신모(神母)의 몸을 두르더니 복희를 낳았고, 용이 여등(女登)에게 교접하더니 염제를 낳았다. ……

역사를 배운 사람치고 고려 충렬왕(1281년) 때 일연(一然)이 쓴《삼국유사》를 모르는 사람은 없을 것이다. 위의 글은 그 책의 첫머리이다. 여기서 "괴력난신"이란 어떤 초자연적인 것으로서 공자는《논어》술이편에서 "괴력난신은 말하지 않는다"고 말하기도 하였다. 그리고 "부명"이란 하늘이 임금이 될 사람에게 내리는 명령으로서 어떤 징조나 신물(信物)을 말하며, "도록"은 미래를 기록한 예언서라고 할 수 있다.

《삼국유사》가 기록하고 있는 단군의 역사.

우리가 지도책에서 찾을 수 없는 아사달과 박달나무 밑 신시의 아침. 그리고 곰과 호랑이, 쑥과 마늘 그리고 어둠의 동굴, 단군의 탄생과 곰의 외손자가 된 우리 민족.

이것이 《삼국유사》가 기록하고 있는 우리 역사의 시작이다.[1]

이 책은 완고한 유교 근본주의자들에 의하여 "그 기재한 것이 허황함이 많아서 족히 믿을 만한 것이 못 된다"고 배척당하였다. 그러나 단군 개국의 '대서사시'를 수록하고 주체적 의식이 엿보이는 《삼국유사》가 없었다면 우리 역사의 시작을 어떻게 기록할 것이며, 향가를 통한 고대 문학 연구는 어찌할 것이며, 수많은 설화와 이두와 전적(典籍)과 역사고고학적·불교미술사적 자료는 어디서 얻을 것인가.

그래서 이른바 '정사(正史)'를 대변하는 김부식의 《삼국사기》를 생각해 본다.

과연 《삼국유사》보다도 140년 앞서 나온 이 역사서는 《춘추》 필법에 따라서 역사를 편견 없이 기록한, 괴력난신을 이야기하지 않은 참된 역사서인지……

8월에 여자 시체가 떠올랐는데 길이가 18척이었다.(의자왕조)

3월에 황새가 월성 모퉁이에 깃들었다.(흘해 이사금조)

2월에 흰 개가 대궐 담 위로 올라왔다.(진평왕조)

《삼국사기》의 이런 기록들을 보면 길이 18척(4미터 이상)의 여자 시체는 무엇이며, 대궐 담 위에 올라간 개 한 마리나, 월성 모퉁이에 깃든 황새가 무슨 까닭으로 500년이 지난 김부식의 역사에 기록된 것인지 우리는 지금 해독할 수 없다.

또 알에서 태어난 박혁거세와 주몽의 탄생 등 《삼국사기》에도 '괴력난신'과 같은 종류의 기록은 많다. 결국 두 역사서가 그 서술 동기나 기록 체제, 저자의 역사 인식 등이 서로 다름에도 《삼국사기》 위주의 편향된 역사관으로 《삼국유사》를 평하는 것 자체가 무리한 발상인 것이다.

인각사, 일연 스님이 삼국유사를 쓰고 찍어낸 역사의 현장

역사와 신화는 감춘 언어와 감추지 않은 언어가 함께 겉과 속을 이루며 시제(時制) 없이 흐르는 것이다. 그것은 우리 속에 있는 원초적 의식의 아메바이며, 잠재의식이라고 할 수 있다. 마치 우리가 어머니의 태 안에 있었던 때를 기억할 수 없는 것과 같다고 해두자. 그러기에 황당무계하고 괴기하며 비합리적인 이야기 속에 우리가 해독할 수 없거나 판독하지 못하는 '망각의 언어'가 녹아 흐르고 있는 것이다.

우리 역사·문화 유산의 총체적이고 원천적 보고(寶庫)인 《삼국유사》를 쓴 저자인 일연 스님은 알아도, 일연이 말년을 보내면서 이 책을 쓴 곳에 대해서는 아는 사람이 많지 않다. 경상북도 군위군 고로면 화전동에 있는 '인각사(麟角寺)'가 바로 그곳이다.

더구나 2009년 2월 초 인각사에서 8~9세기 불교 공양구(供養具) 19점이 대거 발굴되어 이 사찰이 일연 스님이 머물기 이전인 통일신라시대부터 국찰(國刹) 정도의 큰 사찰이었음이 밝혀지고 있다.[2]

보각국사 일연.

보통 《삼국유사》의 저자로만 기억되고 있으나 고려 중기의 선승으로서 보조국사 지눌과 진각국사 혜심의 뒤를 이어 고려의 선종을 크게 발전시킨 고승으로, 그가 편찬한 저술도 100권이 넘으나 정작 불서(佛書)는 전해지지 않고 《삼국유사》만 남아서, 이 땅의 사대주의적 역사서가 남긴 폐해를 바로잡아주고 있다.

1206년 장산군(경산시)에서 태어나 9세에 출가하고, 78세에 고려 최고의 국존(國尊)이 되었으며, 인각사에 들어온 뒤 1289년 향년 84세로 입적하였다.

'인각사'의 '인각(麟角)'은 '암기린의 뿔'이란 뜻이다.

속전에는 절 입구에 있는 깎아지른 듯한 바위에 기린이 나타나 뿔을 얹었으므로 '인각사'라 부르게 되었다고 전해지지만, 그보다는 '인각(印刻)'으로 기억되어야 할 곳이 바로 이곳이다. 왜냐하면 《삼국유사》를 쓰고 찍어낸 곳이므로……

이곳에 있는 보각국존비는 그가 입적한 지 5년이 지난 1295년에 세워진 것이다.

본래 왕희지의 글자를 모아 새겼다고 하는데 지금은 글자가 모두

일연이 《삼국유사》를 쓴 인각사

닳아 없어져 그 형태를 알아볼 수가 없을 정도이다. 옛날 선비들이 과거를 보러갈 때 이 비석의 글자를 떼내어 갈아 마시면 과거에 급제한다는 속설이 있었으니 비문이 남아날 수가 없었다.

몽고의 침입이 계속되자 대장경 주조에 참여하였고, 물 흐르는 듯한 강론과 설법으로 선풍(禪風)과 명성을 전국에 드날렸다.

오늘 곧 삼계(三界)가 꿈과 같음을 알았고.
대지가 작은 털끝만큼의 거리낌도 없음을 보았다.

그의 깨달음으로 보면 명리(名利)란 한 차례의 소나기만도 못한 것.

즐겁던 한 시절 자취 없이 가버리고
시름에 묻힌 몸이 덧없이 늙었어라.
한 끼 밥 짓는 동안 더 기다려 무엇하리.
인간사 꿈결인 줄 내 인제 알았노라.

이는《삼국유사》에 나오는 관음·정취보살과 조신조(條)에 그가 붙여 쓴 시로서 인각사 입구에 있는 '일연시비'에 새겨져 있다.

법명인 '일연(一然)'을 생각해 본다.

일래일왕(一來一往)하는 생명으로 일연(一然), 한 번 그렇게 되었으니(태어났으니) 그 자체가 일몽(一夢), 한바탕의 꿈이란 뜻이었을까.

----

1)《삼국유사》가 나온 지 10년 뒤 이승휴의《제왕운기》등에서 단군의 역사를 기록하기 시작하였고, 그것이 조선 후기《동몽선습》과 같은 아이들 교재에 사용되었으나, 일제 이후 단군의 역사는 '옛날 옛적 이야기'로 치부되고 설화로 해석됨으로써 우리 역사의 뿌리는 큰 손상을 입게 되었다.

2) 〈인각사 통일신라 유물 19점, 고승 추도의식 위해 묻은 듯〉,《조선일보》, 2009. 2. 10일자 21면 기사 참조.

영광군 법성포와 불갑사
국내 최대 원자력발전소 들어선 불과 빛의 고장
靈光郡 法聖浦 佛甲寺

불과 빛은 신이 인간에게 내리는 계시, 역사와 종교의 시작

빛은 세상을 채우며 모든 존재를 증명한다. 종교도 신화도 생명도 아니 역사까지도 모두가 빛의 은총이다. 고구려 동명왕(東明王)이 알에서 태어날 때 산에 버려진 유화의 알에는 늘 햇빛이 비쳤다. 이 빛은 곧 천상의 불과 이어지면서 새로운 세상을 밝히는 '동명(東明) = 새밝 = 새벽'의 뜻[1]을 지녔다.

신라의 박혁거세가 태어난 자줏빛 알은 그 주인공이 태양에서 왔음을 뜻하는데 그가 나올 때 번갯불이 땅에 드리워졌고, 또 김알지가 태어난 계림(鷄林)의 나뭇가지에 걸린 황금궤에서는 불빛이 쏟아졌다고 한다. 이처럼 불과 빛은 역사와 신화의 시작을 만들면서 어두운 세상을 밝히는 광명이세(光明理世)의 징표로 나타났다. 박혁거세의 우리말 이름이 불구내(弗矩內)인데,[2] 이것은 알타이어계에서 'pur-kan'으로 일컬어지면서 신(神), 샤먼, 또는 신의 대리인이나 그 지성소(至聖所)를 나타내기도 하였다.

불은 원래 천상의 것이었다. 그리스신화에서 프로메테우스가 제

우스의 불을 훔쳐 오듯이, 우리 신화에서는 단군의 아들 부소(扶疏)가 부싯돌(부소석)로 불을 만들어 인간 세상을 구제하였다고 한다. 마찬가지로 기독교에서도 불은 신의 이미지를 지녔다. 아브라함은 아들 이삭을 하느님께 바치는 제물로 올리고자 산에 올라갈 때 불을 가지고 갔는데, 여기서 불은 하나님께 가납(加納)되는 대상임을 보여준다.

또 고대 올림픽 성화의 경우 태양 광선을 모아 성화대에 불을 붙였는데, 이 불은 신이 인간에게 주는 계시이며 불을 통하여 하늘과 인간이 빛으로 연결되어 지순(至純)한 영혼의 종속관계를 형성하는 것으로 해석된다.

신화나 역사에서는 불과 빛이 거의 동일한 존재로 나타난다. 곧 불은 빛을 꿈꾼다. 그래서 불과 빛은 하나의 존재로 묘사되는 경우가 많다. 그러나 빛은 그 가운데서도 세상을 밝히는 현현(顯現), 즉 진리의 상징으로 이해되었다. 이를테면 신라의 고승 '원효(元曉)'의 이름은 '첫새벽'을 뜻하면서 어두운 세상을 밝히는 빛을 의미한다. 또 강릉 지방에서 대관령 국사 서낭신으로 모셔진 범일국사의 '범일(梵日)'은 '불법의 태양'이라는 뜻과 함께 이 세상에 빛을 전하는 정신적 지도자라는 뜻이 담겨 있다.

마라난타의 첫 불사(佛事)에서 비롯된 불갑사, 법성포, 영광

'영광 굴비'로 유명한 전라남도 영광군의 '영광(靈光)'이라는 이름은 어디서 나온 것일까? '영광'은 원래 '영묘한 광채'를 뜻하는 말인데,

법성포의 굴비

　그 연원을 밝혀보려면 먼저 이곳 영광군 불갑면 모악리(母岳里)의 불
갑사(佛甲寺) 창건부터 살펴보아야 한다.

　백제는 서기 384년(백제 침류왕 원년) 동진(東晉)에서 온 마라난타(摩
羅難陀)에 의하여 불교가 전해졌고, 이듬해인 385년 한산에 불사(佛
事)를 이룩하여 승려 10명이 살게 하였다고 한다.[3] 그런데 영광의 불
갑사는 인도 승려 마라난타가 동진을 거쳐 우리나라 서해안의 영광
모악산 자락에 도착하여 맨 먼저 사찰을 세웠으므로 절 이름도 '첫 번
째[甲] 불사(佛事)'라는 뜻으로 '불갑사(佛甲寺)'라 불렀다고 한다.

　이에 관하여는《조선사찰자료 상》과〈불갑사만세루중수상량문〉
등에 나타난 기록이라든지, 불교 전래에 관한《삼국사기》와《일본서
기》의 차이점을 들어 불갑사 최초 전래설을 긍정적으로 보는 설과,

백제 불교 도래지 기념공원에 세워지는 마라난타 상

부정적으로 보는 설이 있으나[4] 여기서는 그 자세한 논거를 생략하고
자 한다.

한편 전국 제일의 굴비 생산지인 영광의 '법성포(法聖浦)'는 그 당
시 성인(聖人) 마라난타가 부처의 법(法)을 전래한 포구이므로 법성
포라고 부르게 된 것이라고 한다. 원래 법성포는 백제 때 '아무포(阿
無浦)'라고 불리던 곳인데, '아무포'라는 이름도 불교의 '나무아미타
불'에서 비롯된 것으로 보고 있으며, 고려 때의 이름인 '부용포(芙蓉
浦)'도 부용이 바로 불교를 상징하는 연꽃이므로 불교 전래와 관련된
것으로 풀이하고 있다.[5]

영광군은 원래 백제 때 무시이군(武尸伊郡)이었는데 신라 경덕왕
때 무령군(武靈郡)으로 바뀌었고, 995년(고려 성종 14)에는 오늘날 이

름인 영광으로 고쳐졌다. 그런데 아미타불이 곧 무량광(無量光) 또는 무량수(無量壽)를 의미하고, 무량광이란 헤아릴 수 없이 많은 빛을 뜻하므로 '영광(靈光)'이라는 신묘하고 신령한 빛은 백제 불교의 최초 전래설과 관련하여 바로 무량광과 통하는 불교적 명칭으로 풀이되고 있는 것이다.[6]

그렇다면 영광의 '광(光)'은 백제 불교의 시작을 뜻하는 구원의 빛이요, 어지럽고 혼탁한 세상을 밝히는 지혜의 빛이며, 고통 받는 중생들을 건져 내는 광명의 빛이라고 할 수 있다. 판소리 〈호남가〉에 "서기(瑞氣)는 영광(靈光)이라 창평한 좋은 세상"이라는 구절이 나오는데, 이곳에 백제 불교의 상서로운 기운 곧 그 신령한 빛이 깃들었기 때문이라고 풀이해 본다.

500년 만에 꺼진 불화로, 원자력 발전소로 다시 태어나다

겨레의 의지와 슬기가
하늘에 사무쳐 무지개로 뜬다.
원자로에서 태어난 불새가
사랑의 날개를 펴고
……
겨레의 염원 알알이 영글어
평화의 북소리 메아리친다.
피땀으로 다져진 에너토피아

새 역사 이끌어갈 힘의 샘터

......

– 박홍원, 〈원자로의 불새〉 가운데서

서구의 불새가 피닉스(phoenix) 즉 불사조라면, 동양의 불새는 삼족오(三足烏) 곧 태양을 지키는 금까마귀이다. 동양에서 태양은 삼족오, 달은 두꺼비, 빛살은 화살로 나타나기 때문이다.

불새는 불씨, 생명력을 지닌 불의 원천이다. 불은 곧 생명의 시작이요, 그 근원을 암시하기에 불씨를 지키는 것은 바로 가문을 지키는 데 비유되었다. 양반가에서는 불씨를 꺼뜨리지 않고 대를 이어 후손들에게 전하였는데, 집안의 여자들이 이 불씨를 이어받음으로써 가통이 계승되었던 것이다. 불씨를 꺼뜨리면 계승자로서 자격이 문제가 되어 가문에서 쫓겨나기도 하였다. 또 임금이 즉위하면 새로이 불을 점화하여 새로운 지배가 시작됨을 알렸는데, 이것은 불이 왕권·지배권을 상징하였기 때문이다.

바로 이 불을 500년 동안 꺼뜨리지 않고 1988년까지 지켜 온 가문이 영광에 있었다. 영광읍 입석리에는 그전에 광주 목사를 지낸 '신보안'이라는 선비의 고가(古家)가 있다. 이 집에서는 500년 동안 불씨를 지켜 온 쇠 화로가 지금도 남아 있는데, 큰 화로(주화로) 1개와 보조 화로 4개로 되어 있으며 임진왜란, 병자호란, 6·25 전쟁 등 나라가 어지러울 때에도 맏며느리 18대가 불씨를 이어오면서 단 한 번도 불씨를 꺼뜨리지 않았다고 한다. 그러다가 1988년 농촌에 가스가

영광 원자력 발전소

공급되고, 부엌이 입식으로 개량되면서 유서 깊은 500년 전통의 화롯불도 꺼지게 되었다고 한다.[7]

영광에서 500년 동안 지켜 온 불씨가 꺼지기 2년 전인 1986년, 이곳 영광군 홍농읍 계마리에 들어선 영광 원자력 발전소는 처음으로 상업운전을 하여 원자로로 전기를 공급하기 시작하였다. 말하자면 500년 전통의 불화로는 영광 원자력 발전소에 그 불씨를 넘겨주고 역사 속으로 사라진 셈인데, 그 과정이 마치 인류 문명의 진화를 보는 것 같다. 특히 서구의 불새인 피닉스는 500년마다 제단의 불에 타 죽지만, 그 재에서 다시 새로운 불새가 태어난다고 한다. 영광의 불화로도 영광 원자력 발전소를 통하여 새롭게 태어난 한국판 불사조라고 해야 할 것이다.

전 지구적으로 화석에너지(석탄, 석유, 천연가스)가 고갈됨에 따라 인류가 맞이할 불안한 미래를 걱정하는 소리가 점점 높아지고 있다.

인간은 전기 없이 살 수 없다.

전기 공급이 중단된 문명사회는 마치 메마른 연못 속의 물고기처럼 퍼덕거리며 고통받을 것이다. 영광과 울진·월성·고리 원자력 발전소는 우리나라 발전량의 40퍼센트를 차지하고 있다. 원자로의 방사능 피해 가능성에 대한 우려의 목소리가 높음에도, 화석연료를 대체할 에너지임을 부정하지 못하고 있다. 영광 원자력 발전소는 1호기부터 6호기까지 생산 용량이 총 590만 킬로와트인데, 2005년도에는 국내 최대 발전단지로, 그리고 세계 최우수 발전소로 각광을 받았으며, 국내 발전량의 14.7퍼센트를 공급하고 있단다.[8)]

고려 침향목이 모깃불이 된 사연과 영광의 불과 빛

영광의 불과 빛에 관한 이야기는 여기에서 끝나는 것이 아니다. 바로 침향목(沈香木)을 모닥불로 사용해 버린 불 이야기가 있기 때문이다.

옛 사람들은 56억 7천만 년 뒤에 오실 미륵불을 위하여 여럿이 돈을 모아 강과 바다가 만나는 갯벌에 향나무를 사서 묻었다. 이것이 매향(埋香)이며, 오랜 세월이 지나면 향나무가 바다에 떠오르는데 이것을 침향(沈香)이라 한다.

이 침향을 말려서 태우면 이 세상 어느 것보다 아름다운 향기가 난다고 한다. 미당 서정주의 표현을 빌리자면 "실파와 생강과 미나리와 새빨간 동백꽃, 거기에 바다 복지느러미 냄새를 합친 듯한 미묘한 향내"라고 한다. 그러므로 침향은 산삼만큼 귀해서 금과 나란히 무게를 달았을 정도였다.

영광군 법성면 입암리 마을에서 발견된 매향비(埋香碑)는 1985년 당시 목포대학교 사학과 이해준 교수가 그 사실을 고증하여 밝혀낸 것인데, 특이하게도 1371년(고려 공민왕 20)과 1410년(조선 태종 10) 두 차례에 걸쳐서 이 마을 앞 남쪽 200보 정도 떨어진 갯벌에 향을 묻은 사실이 새겨져 있다.[9]

> 겉은 껌한디 말려서 톱질을 해본께 안은 뽈그작작혀. 근디 모구불 피울 때 그렇게 냄새가 좋았어. 고 나무가 고로코롬 귀한 줄 알았으 문 나한테 오도 안했것제. 글고 모구불로 전부 태워부는 미련한 짓을 했을라고.

침향은 그 가격이 너무 비싸서 왕실에서 사치품으로 분류하고 수입을 금지할 정도로 귀한 물건이었다. 침향을 피우면 온갖 벌레들이 접근하지 못하였다. 침향이 얼마나 귀하게 쓰였느냐 하면, 사리함을 만들 때 겉은 금으로 만들고 안에 따로 옥함을 설치하는데, 그 옥함의 안쪽 사리와 맞닿는 부분에 침향을 사용할 정도였다. 앞에 인용한 글은 바로 그 침향을 모닥불로 사용해버린 영광읍 입암리 마을에 사는 한창수 씨의 증언이다.

그는 마을 앞에서 우물을 파다가 오래 묵은 향나무가 나오자 세 개의 침향목 가운데 가장 큰 것을 집에 가져다가 말렸다. 그리고 톱으로 잘라서 여름철 모기를 쫓는 모닥불을 피우는 데 사용하였다. 그

가치를 미리 알았더라면 자식까지 팔자를 고쳤을 이 귀한 물건, 56
억 7천만 년을 기다려야 할 민중의 염원이 담긴 향나무가 속절없이
모닥불로 타버리고 말았다. 미륵 세상이 아니라 현세의 모기를 쫓기
위하여 향불이 타올랐으니, 이 불도 또한 영광의 의미 있는 불로 정
리해 놓아야 할 것이다.

그래도 아직 영광의 불과 빛 이야기는 다 끝난 것이 아니다.

칠산바다의 조기(물론 예전처럼 칠산바다 조기만 잡아서 만드는 것은 아
니다)를 말려서 굴비로 만드는 '영광'이라는 이름의 햇빛. 국내 굴지
의 천일염 생산지로 유명한 염산면(鹽山面) 일대의 소금도 또한 '영
광'이라는 이름의 햇빛으로 만들어진다.

불과 빛. 그것은 따뜻함이고 밝음이며 편안함이다. 불교를 상징
하는 '만(卍)'자는 당나라 측천무후에 의하여 한문 글자가 되었다. 이
'만(卍)'자는 그 모양이 바람개비처럼 생겼듯이, 돌고 도는 이 세상 모
든 존재의 수레바퀴 곧 윤회(輪廻)의 바람개비를 뜻하기도 하고, 불
을 일으키는 막대기, 우주적인 에너지 현상을 나타내기도 하고, 십자
가나 뇌성벽력, 또는 불의 신, 태양이나 벼락을 상징하기도 한다.

영광이 백제 불교의 첫 전래지라면, 석가모니의 가슴에 새겨져 있
었다는 불교의 상징 '만(卍)'자는 이곳 영광군 백수읍 길용리에서 박
중빈(朴重彬) 대종사가 창건한 원불교와도 깊은 인연을 암시하는 것
같다. 그런가 하면 불교의 '만(卍)'자는 태양과 불과 우주의 에너지를
뜻하므로 이곳에 들어선 미증유의 거대한 원자력 발전소를 나타내
는 것 같기도 하다. 필자가 영광 원자력 발전소 홍보관을 찾았을 때,

이 발전소의 거대한 둥근 돔(1호기부터 6호기까지) 6개를 보니 스님의 둥근 머리가 떠올랐다.

어쨌든 염산면의 소금이나 법성포의 굴비도 모두 영광이라는 이름의 그 불과 빛에서 비롯된 산물이라고 해야 할 것이다.

---

1) 여기서 '동(東)'은 우리말의 '새'(예: 동풍＝샛바람)이고, '명(明)'의 뜻[訓]은 '밝'이 되므로 동명(東明)은 '새밝'이다.

2) '불구내'는 '발거누리(온누리를 밝히는)'의 약칭이고 박혁거세(朴赫居世)는 '발거누리'의 훈음차(訓音借)가 결합된 표기이다.

3) 김부식,《삼국사기》권 23, 백제본기 2.

4) 전남 나주의 불회사나 충남 예산 수덕사도 마라난타의 창건설이 전해지고 있고, 경남 김해 신어산에 있는 은하사의 남방불교 최초 전래설이나, 전남 화순에 있는 천불 천탑과 관련한 남방불교 전래설 등 여러 이견이 있다.

5) 영광군,《영광모악산 불갑사》, 동국대 박물관, 2001, 8~10쪽.

6) 불갑사,《불갑사 연혁》, 2~3쪽.

7) 장남종(영광군청 관광과 공무원), 500년 전통의 화로는 1980년대《서울신문》에〈신동국여지승람〉이라는 기사로 소개된 바 있다.

8) 한국수력원자력(주),〈영광원자력본부〉소개 책자, 2005.

9)〈매향비〉,《영광향토지》, 41~43쪽. 호남 지방의 매향비는 이 밖에도 영암의 매향비, 암태도 매향비, 해남의 매향비, 장흥의 매향비가 있다.

인천시 월미도

달의 밀물과 썰물, 미군의 상륙과 월미도의 인연

月尾島

인천항은 1883년(고종 20) 1월 1일 부산과 원산에 이어 우리나라에서 세 번째로 세계를 향해 문을 연 항구이다. 그 인천항으로 배가드나드는 목구멍과 같은 곳이 바로 대월미도(大月尾島)와 소월미도사이의 바닷목이다.

다 아는 바와 같이 인천항은 조수 간만의 차가 최대 10.2미터에 이르는 세계적인 대조차(大潮差) 지역이므로 대월미도와 소월미도 사이에는 선거(船渠), 즉 수문식 도크를 세워 배가 드나들게 하고 있다.

인천항이 대양으로 통하는 길목에 있는 대월미도와 소월미도는 어떤 섬인가. 대월미도를 이루는 월미산의 현재 높이는 해발 93.8미터이며, 일제 때부터 매립이 시작된 역사의 섬으로서 군부대와 인연이깊고 반달의 꼬리처럼 생겨서 '월미도(月尾島)'라고 부른다고 한다.[1]

달은 시간의 흐름에 따라 그 모양이 이지러지고 채워지는 것을 되풀이하는데, 월미도 또한 근세 역사의 격류 속에서 온갖 풍상(風霜)을 겪어 왔으며, 그 지형도 달의 모습처럼 변화를 되풀이하여 왔으니, 월미도가 달과 인연이 깊은 섬인 것은 틀림없다.

이곳에서 출토된 신석기시대의 빗살무늬토기만 보더라도 그 아득한 역사를 다 헤아릴 수 없거니와, 조선 초기 이후의 역사를 보면 이미 섬 남서쪽에 해안을 지키는 돈대(墩臺)와 군막사가 이곳에 설치되어 있었다. 그리고 조선 중기 이후 국왕이 거동하였을 때 머무르기 위하여 '월미행궁'이 조성되어 있었으나 국왕이 실제로 이곳에 거동하였는지는 자세히 알려지지 않고 있다.

1866년 병인양요 때에는 프랑스 함대가 항로를 탐사하면서 해도(海圖)에 자기 함대사령관 이름을 따서 '로즈 섬'이라고 하였으므로 개항기 내내 '로즈 아일랜드(Rose Island)'로 불리기도 하였다. 임오군란 때에는 당시 일본공사가 이 섬을 거쳐 본국으로 탈출하였고,[2] 일제 때에는 남만주 철도주식회사에서 1923년 밀물과 썰물을 이용한 조탕(潮湯)과 욕장(浴場)을 개설하였으며, 월식 날 밤에는 불꽃놀이(1923. 8. 10)가 열리기도 하였다.[3]

무엇보다 6·25 전쟁이 터지고 1950년 9월 15일 새벽에 이루어진 인천상륙작전은 유엔군 구축함의 첫 포탄이 월미도에 작렬하면서 시작되었고, 미 해병사단이 처음 상륙한 곳이므로 이곳에 '유엔군 인천상륙지점' 기념비가 세워져 있다.

그러니 월미도(月尾島)는 곧 월미도(越美島)이기도 한 섬이다. 월미도(月尾島)가 시적(詩的)인 이름이라면 월미도(越美島)는 미군이 처음 상륙한 섬, 미군이 넘어온 섬이라는 뜻으로 풀이할 수 있다. 그리고 그 당시 전화(戰禍)로 말미암아 불바다가 된 월미도 주민들의 비극과 전쟁의 참화를 간직하고 있는 곳이다.

인천항 개항 기념탑

한편 '월미'는 달의 꼬리를 뜻하는데, 달이 혜성(彗星)이 아닌 바에
야 꼬리가 있을 수 없다. 그런데 왜 월미도라고 하였을까. 달의 인력
이 꼬리처럼 지구에 힘으로 작용한 것이 바로 조수 간만의 차이라고
볼 수 있다. 인류가 바닷물이 들어오고 나감을 달의 인력 작용으로
이해하기 시작한 것은 뉴튼이 만유인력의 법칙을 발견한 뒤이며, 지
구 곳곳에서 조금씩 다르게 밀물 썰물의 현상이 일어나는 것은 달과
의 위치에 비롯된 것으로 보고 있다.

달과 조수 간만의 차이, 그리고 인천항과 월미도. 세계적인 대조
차 지역인 인천항에 달 꼬리라는 뜻의 월미도라는 이름이 붙여진 것
도 각별한 인연을 나타내는 것으로 보인다.

> ......
>
> 우리들이 고추를 내놓고 운절이 낚던
>
> 작은 개울에는 미처 감추지 못한
>
> 바다의 꼬리가 남아서
>
> 과부의 허리를 낚아채 가고
>
> 철사 같은 수염 햇살에 번뜩이며
>
> 사내들은 수차로 바다를 퍼 올렸다.
>
> ......
>
> ― 김창완, 〈장산도〉 가운데서

이 시에 나오는 "바다의 꼬리"를 필자는 '달의 꼬리'로 바꾸어 풀이

해 본다. 인천항의 수문장 월미도.

배가 들고 나오는 것을 지켜보는 섬이기보다는 달의 힘에 따라 들고나는 바닷물을 지켜보는 섬과 같으니 '월미도'라는 이름이 딱 맞지 않는가.

---

1) 월미도는 문헌에 어을미도(於乙味島, 1695년 숙종)와 여종의 몸에서 난 자식을 뜻하는 '얼(孼)'을 딴 얼미도(孼尾島), 얼도(孼島) 등으로 나타나고 있는데, 여기서 '얼'은 어울린다는 뜻이고 '미'는 물을 뜻하므로, '바닷물과 어울리는 섬'이라고 풀이할 수 있다.

2) 일본공사 하나부사 요시모토(花房義質)는 인천으로 탈출하여 배를 타고 월미도로 건너와 바다로 나갔다가 영국 측량선에 구조되었다.

3) 인하대학교 박물관,《월미산 일대 문화유적 지표조사보고서》, 2001, 9~89쪽.

2

땅이름에 새겨진 인물의 발자취

김해시 능동과 납릉, 쌍어문과 신어산

인도에서 온 김수로왕비 허왕후와 쌍어문의 신비

陵洞 納陵 雙魚門 神魚山

젊은 여인이 순장되어 납릉(納陵)이던가

가락국 빈터에서 몇 해 봄을 보았던고.

수로왕 문물도 티끌뿐일세.

가련한 제비는 옛일 생각하는 듯.

다락집 곁에서 주인을 부르네.

이 글은 조선 초기 맹사성(孟思誠)이 김해에 와서 쓴 시이다.

고대 낙동강변 변한(弁韓) 지방에서 1세기 무렵 12부족이 6가야로 통합된 나라가 가야국(伽倻國)이다. 그런데 이 가야는 가야(伽倻, 加耶, 加倻, 伽耶 등), 가라(伽羅, 迦羅, 加羅 등), 가락(加洛, 駕洛, 伽洛 등)으로 쓰이기도 하니, 그 표기가 참으로 다양하다. 왜 그럴까? 다른 나라의 말을 소리 그대로 옮겨 적는 음차(音借) 표기가 되다보니 한문의 뜻[字意]은 별 의미가 없었기 때문이다. 더구나 인도의 비하르 주에는 가야(Gaya)라는 큰 도시가 있는데 아마도 우리 땅의 가야국이라든지 가야

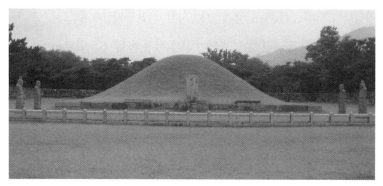

김수로왕릉인 납릉

산, 가야읍, 가야면 등과 분명히 어떤 문화적 연관성이 있을 것이다.

　구지봉(龜旨峰)의 황금알에서 나온 김수로왕(金首露王)과 그 다섯 형제가 저마다 여섯 가야를 세웠는데, 김해는 400여 년 동안 가야국의 도읍지이자 그 중심지로서 곳곳에 김수로왕과 그의 왕비 허황옥(許黃玉)에 얽힌 사연을 전해주는 고적과 문물이 아직도 남아 있으며, 도시 전체가 가야국의 역사박물관과 같은 곳이다.

　김해시 서상동의 능동(陵洞) 마을은 유명한 납릉(納陵), 즉 김수로왕능이 있으므로 '능동'이라 불리게 되었다. 199년(신라 내해왕 4) 가락국 시조 김수로왕이 158세로 세상을 떠나자 이곳에서 장사 지냈으며, 이 능에는 여러 가지 신비한 이야기가 전해지고 있다.

　그런데 김수로왕릉을 '납릉'이라고 부르게 된 동기는 확실하지 않다. 이 점에 대하여는 이수광(李晬光)이 쓴 《지봉유설》의 기록을 참고해 볼 만하다. 김수로왕릉은 임진왜란 때 왜적들에게 도굴당했다고 한다. 그런데 왕릉 안에는 20대로 보이는 젊은 여인이 순장되어 있었다. 그 얼굴이 마치 살아 있는 사람 같았는데, 왜적이 밖으로 끌어내자 시체가 순식간에 변색되어 으스러져 버렸다고 한다.

왕릉에 죽은 사람과 함께 여인이 순장된 경우가 가야 지역의 고분에서 이따금 나타나고 있는데, 김수로왕릉의 이름이 '드릴 납(納)' 또는 '바칠 납(納)'자를 써서 '납릉(納陵)'이라 부르게 된 까닭은 바로 이 순장 때문이 아닌가 미루어 짐작해 본다.

인도 아유타국─중국 사천성─가야로 이어지는 허왕후의 여정

신라 말기에 금관성을 지키던 장군 충지의 부하가 이 왕릉에 바칠 제물(祭物)을 빼앗았는데, 왕릉 사당의 대들보가 부러지는 바람에 그는 그 자리에서 즉사하였다고 한다. 이 밖에도 능 안의 보물을 탐낸 도둑들이 왕릉을 파다가 여덟 사람이나 죽었다는 등 신령스러운 이야기가 전해지고 있다.[1]

이 김수로왕릉의 정문에는 나무판이 걸려 있고, 그 나무판의 좌우에는 두 마리의 물고기가 중앙의 탑을 마주보고 있으므로 이 그림을 '쌍어문(雙魚門)'이라 부른다. 이 쌍어문이야말로 멀리 바빌로니아 → 인도 → 중국 → 가야 → 일본으로 이어지는 문화 교류의 상징물이며, 김수로왕비 허황옥의 출신과 그 역사를 증명해 주는 귀중한 자료라고 할 수 있다.

김수로왕의 왕비가 된 허황옥은 여러 문헌에 멀리 인도 아유타국(阿踰陀國)의 공주로 나온다. 두 사람이 혼인할 때가 서기 48년이며, 당시 허황옥은 나이가 16세였다고 한다.

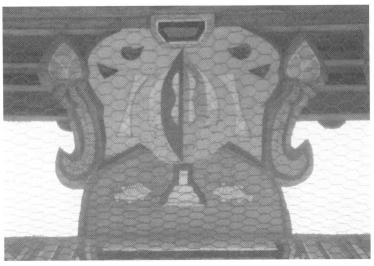

납릉 정문의 쌍어문

　아유타국은 인도의 갠지스 강가에 있었던 나라이며, 오늘날 인도의 아요디아 지방이 그곳이다. 생각해 보면, 2천여 년 전 그 머나먼 인도에서 어떻게 한반도의 남쪽 가야국까지 시집을 올 수 있었을까 하는 의문이 생긴다. 비록 오늘날에는 동남아와 중국, 몽고, 우즈베키스탄 등지의 신부들과 맞선을 보고 결혼하여 10만 명에 가까운 다문화가정이 생겼다고 하지만, 그 당시의 교통편이나 인적교류 및 의사전달 등 모든 것이 여의치 않은 상황이므로 이 국제결혼은 참으로 전대미문의 큰 사건이었을 것이다. 바로 이런 점에 착안하여 먼저 허황옥의 가계(家系)와 그 발자취를 30여 년 동안이나 조사한 고고학자의 저술을 참고하였다.

　허황옥의 조상은 원래 인도의 아유타국 출신인데, 어떤 사정이 있었는지는 확실하지 않으나 중국의 사천성 보주[普州, 뒷날의 안악현(安岳縣)]로 이주하였다. 그리고 중국의 후한(後漢) 시대인 서기 47년, 촉(蜀)나라의 정치적인 사건과 관련되어 양자강을 따라 상해로 나온 다음, 그 이듬해인 서기 48년 황해를 건너 김해 가락국에 도착한 것으로 조사되었다.

이것은 김해시 구산동에 있는 수로왕비릉에 '가락국(駕洛國) 수로왕비(首露王妃) 보주태후(普州太后) 허씨릉(許氏陵)'이라고 시호(諡號)한 점에도 잘 나타나 있다. 그런데 신통한 것은 인도의 아요디아 지방의 여러 곳이나, 중국 사천성 보주 허씨 사당에 쌍어문이 있고, 그 마을 뒷산의 신정(神井) 비문(碑文)에도 쌍어문과 '허황옥(許黃玉)'이라는 이름이 새겨져 있다는 사실이다.

쌍어문은 원래 인류 문명의 발상지로 티그리스강과 유프라테스강 사이에서 일어난 메소포타미아문명(뒤에 바빌로니아 문화)에서 비롯된 것이라고 한다.

쌍어문의 두 마리 물고기로 나타나는 신어사상(神魚思想)은, 그 뒤 바빌론에 포로가 된 이스라엘 민족에게 전해졌으며, 이것이 구약성서의 여러 편에 전해지고 있다.

성서 속의 쌍어문과 '오병이어'

그 후 다윗성 밖 기혼 서편 골짜기 안에 외성을 쌓되 생선문(生鮮門) 어귀까지 이르러…… (역대 하 33 : 14)

에브라임 문 위로 말미암아 옛 문과 어문(魚門)과 하나녤 망대와……

(느헤미야 12 : 39)

나 여호와가 말하노라. 그 날에 어문(魚門)에서는 곡성이, 제2구역에서는 부르짖는 소리가…… (스바냐 1 : 10)

여기서 생선문이나 어문이란 두 마리 물고기를 새긴 쌍어문(雙魚紋)이 있는 문(門)으로서, 이를 '피쉬 게이트(Fish Gate)'라고 하였으며, 바빌로니아에서 신전의 대문에 물고기 한 쌍을 조각한 것이 그 기원이라고 한다. 한편 아시리아에서는 주요 문서를 봉인할 때 이 쌍어문의 인장을 찍었다고 한다.

또 신약성서에 나오는 물고기 두 마리와 떡 다섯 개 즉 '오병이어 (五餠二魚)'의 기적[2]을 그린 예루살렘의 조각에도 중앙에 떡 다섯 개를 두고, 그 좌우에 물고기 두 마리가 대칭적으로 마주보는 전형적인 쌍어문이 새겨져 있다고 한다.

여기서 물고기 두 마리는 주로 대문에 새겨져 왕이나 신을 지키고 사람과 재물을 지키는 수호신의 역할을 하며, 오늘날 우리가 개업식 때 습관처럼 북어 두 마리를 출입문 좌우에 마주보도록 매다는 것도 우리 의식 속에 남아 있는 '신어사상'의 발현(發顯)으로 보고 있다.

마지막으로 소개할 곳이 바로 김해시 뒤에 있는 높이 630.4미터의 신어산(神魚山)이다. 이 산의 이름도 앞에서 설명한 신어사상에 따라 붙여진 것으로 보고 있으며, 이 산에 있는 은하사(銀河寺)의 수

미단에는 두 마리의 물고기가 연꽃을 두고 마주보는 쌍어문이 있다. 특히 절 이름 '은하(銀河)'는 곧 하늘의 바다(은하수)로서 물고기의 신성성을 강하게 암시하고 있다.

쌍어문은 인도와 파키스탄은 물론 방글라데시, 시리아, 인도, 몽고, 중국, 일본 등 세계 곳곳에서 발견되고 있는데, '가락(Karak)'이라는 말은 옛 드라비다어에서 물고기를, 또 '가야(Kaya)'는 새 드라비다어에서 물고기를 뜻한다고 하며, 우리나라에서도 쌍어문이 울산광역시 개운사, 합천 영암사지 등 10여 개소에서 발견되었다고 한다.

이 자료는 앞에서 잠깐 말했듯이 쌍어문의 신비를 밝히기 위하여 30여 년 동안 세계 각국을 찾아다니며 이를 조사한 고고학자 김병모 선생의《허황옥 루트, 인도에서 가야까지》(역사의 아침, 2008)를 참고하였다.

구지봉의 황금 알에서 태어난 김수로왕의 출생과 가락국 건국이 신화적이라면, 멀리 인도의 아유타국에서 중국의 사천성을 거쳐 양자강과 황해를 지나 가야로 이어지는 허황옥(許黃玉, 김해 허씨 시조)[3] 이야기는 너무도 탐험적이면서 사실적이다.

김수로왕과 허황옥. 두 인물의 혼인을 통하여 멀고 먼 메소포타미아(바빌로니아) 문명이 중국을 거쳐서 가야로, 그리고 일본으로 전해졌음을 알 수 있고, 덧붙여 이것은 불교의 남방 전래설과도 매우 밀접한 관련이 있을 것으로 보이므로 이 점에 대해서 앞으로 더 깊은 연구가 따라야 할 것이다.

1) 한글학회,《한국지명총람 8》(경남편, 김해시), 1988, 243~247쪽.

2) 예수 그리스도는 떡 다섯 개와 물고기 두 마리를 가지고 하늘을 우러러 축사한 뒤 이를 따르는 무리에게 나누어 주었는데, 5천 명이 먹고 나서 그 남은 조각이 열두 바구니에 가득 찼다고 신약성서의 여러 복음서에 기록되어 있다.

3) 김수로왕과 허왕후는 슬하에 자식 열 명을 두었는데 한 사람은 태자(거등왕)로 봉하였고, 아들 둘은 모친의 성씨를 이어서 김해 허씨가 되게 하였다. 나머지 아들 일곱은 지리산에 들어가 스님이 되었는데 그들이 칠불암을 세웠다고 한다.

경주시 유교와 평택시 수도사

원효대사 순례길로 개발되는 경주 – 평택 답사코스

楡橋 修道寺

오늘날 누구나 '나무아미타불'을 염불할 수 있게 만든 원효

모든 것에 거리낌이 없는 사람만이	一切無㝵人
한 길로 생사의 번뇌에서 벗어나리라	一道出生死

스스로 '무애(無㝵)'라 부르면서 때로는 가야금을 뜯고 〈무애가〉를 부르면서, 때로는 술집에 들어가고, 때로는 마을에서 자는가 하면, 좋은 경치 속에서 좌선도 하는 등 그의 행적은 종잡을 수가 없었다. 그는 90여 부, 200여 권의 저술을 남겼는데 그 가운데서도 〈대승기신론소〉, 〈금강삼매경론〉, 〈화엄경소〉, 〈십문화쟁론〉 등은 중국, 일본, 인도 등의 외국 학자들에게 더 높이 평가되고 있다.

그가 바로 원효(元曉, 617~686)대사이다. 일연 스님이 말하지 않았던가. 오늘날 누구나 다 '나무아미타불, 관세음보살'을 염불할 수 있게 된 것은 모두 원효의 덕분이라고…….

속성(俗姓)이 설(薛)씨인 원효의 출생에 대하여는 이런 이야기가 전해진다.

원효의 어머니가 그를 임신할 때 처음 별이 품 안에 들어오는 꿈을 꾸고 난 뒤 태기가 있었다. 부부가 불지촌 밤나무 밑을 지나가는데, 갑자기 진통이 와서 우선 아버지의 옷을 나무에 걸어 가리고 거기서 아이를 낳았다.

그가 태어날 때 오색구름이 영롱하여 땅을 덮으니, 마을에서 성인이 오셨다고 공경하였다. 그리고 그가 태어났던 그 밤나무는 열매가 유별나게 크고 양분이 좋아서 사라율(娑羅栗)이라 불렀다. 또 이 밤 때문에 그 마을을 밤골이라 하였는데, 나중에 이 밤나무 옆에 절을 세우고 사라사(娑羅寺)라 불렀다고 한다.[1]

> 그 누가 자루 없는 도끼를 내게 주겠는가.
> 나는 하늘을 떠받칠 기둥을 찍으리.

태종무열왕 때 원효대사는 서라벌 거리를 쏘다니며 이 노래를 불렀다. 왕이 이 노래를 듣고 원효가 귀한 부인을 얻어 훌륭한 아들을 두고자 하는 뜻을 알아차렸다. 왜냐하면 도끼는 여성의 성기를 뜻하고, 도끼자루는 남성의 성기를 뜻하는 것이 세계적으로 공통된 습속이기 때문이다.

어느 날 그가 서라벌의 유교(楡橋 : 느릅나무 다리)를 건너다가 남천에 떨어져 물에 빠졌다. 때마침 지나던 군사들이 물에 빠진 대사를 건져내 인근에 있던 요석궁(瑤石宮)으로 업고 가서 옷을 말리고 쉬어가게 하였다. 《삼국유사》에는 두 사람의 만남이 왕의 분부에 따라 꾸며진 것이라고 씌어 있다. 마침내 요석궁에 든 도끼자루와 자루 없는 도끼는 짝이 되어 하늘을 떠받칠 기둥(나무)의 씨를 뿌렸으니, 그가 뒷날의 설총(薛聰)이다.

해골바가지에 고인 물 마시고 큰 깨달음 얻어

이 사연의 매듭이 된 느릅나무 다리는 지금은 남천교(南川橋)라 불리는데, 경주시 탑동(塔洞)에 있다. 그런데 그 느릅나무 다리의 목교 교각 여덟 개가 1990년대 경주박물관팀에 의하여 발굴되었다. 다리 폭은 1.32미터 길이는 7.13미터이며, 상류 쪽은 뱃머리처럼 유선형으로, 하류 쪽은 직각으로 튼튼하게 만들어져 높은 수압에도 잘 견딜 수 있다고 하니, 요석 공주와 원효대사의 로맨스를 알고 있는 증거목으로 길이 보존되어야 할 것이다.

원효대사의 발자취야 이 강산 곳곳에 남아 있는데, 그 가운데서도 요석 공주와의 사연은 경기도 동두천시 소요산(逍遙山) 일대에 공주봉(公主峰)과 '요석궁 터' 등의 지명으로 남아서 옛 이야기를 전해주고 있다.

그 가운데 하나가 경기도 평택시 포승면 원정리 남양만 입구의 수도사(修道寺)이다. 이곳은 원효가 중국으로 수도하러 가기 위하여 경주를 떠나 당나라로 건너가려고 머물렀던 곳이다.

원효는 45세 되던 해에 도반(道班)인 의상(義湘)과 함께 두 번째로 당나라 유학 길에 오르게 되는데,[2] 이때 문무왕이 즉위하였다. 그들

수도사

이 경기도의 남양만 포구에 이르렀는데, 배를 기다리며 다 쓰러져 가는 움막에서 밤을 보내게 되었다.

여행길에 지친 원효가 자다가 잠결에 갈증을 느끼고 어둠 속에서 더듬더듬 물바가지를 찾아 단숨에 물을 들이켰다. 다시 잠이 들고 아침에 눈을 뜬 원효는 깜짝 놀랐다. 간밤에 목이 말라서 잠결에 맛있게 들이킨 것이 알고 보니 사람의 해골바가지에 담긴 물이었던 것이다.

이에 속이 뒤집어지고 구역질이 치밀어 토하려던 원효는 그 순간 대오일번(大悟一番), 큰 깨달음을 얻고 기뻐서 노래하면서 덩실덩실 춤을 추었다.

한 생각이 일어나면 갖가지 법이 일어나고,
한 생각이 사라지면 갖가지 법이 사라지도다.

그 깨달음으로 "마음 밖에 법이 없거늘 어찌 따로 구하랴. 나는 당나라에 들어가지 않으리라" 하고 의상과 헤어져 서라벌로 돌아오고 말았다. 원효가 대각오도(大覺悟道)한 남양만 그 포구에 있던 움막 터가 오늘날 평택시 원정리의 수도사라고 하며,[3] 수도사는 이를 기려서 후대에 세운 절이라고 한다.

원효(元曉)대사.

우리말로 원효는 '첫새벽'이라는 뜻이 되면서 불교적으로는 시작, 근원, 깨달음, 한마음이라는 의미도 지니고 있다고 한다. 우리 민족사에서 최고의 불교 사상가요 학자요 문장가인 원효대사의 발자취는 전국 곳곳에 남아 있기에, 이 이야기는 그 시작일 뿐이다.

---

1) '사라'는 석가모니가 열반에 들 때 그곳에 있었던 나무로서 이를 '사라쌍수(娑羅雙樹)'라고 불렀다. '사라율'과 '사라사'는 거기서 따온 이름일 것이다.
2) 원효의 첫 번째 유학길은 걸어서 갔는데 고구려군에 붙잡혀 실패하고 되돌아오고 말았다.
3) 한글학회,《한국지명총람 18》(경기편 하), 1993, 392쪽.

강화군 선원면과 갱징이풀
충신의 이름 기리는 지명은 많을수록 좋다

仙源面

강화도 팽개치고 도망간 김경징, 원한의 '갱징이풀'

산천은 인물을 낳고 인물은 산천을 키운다.

인천광역시 강화군 선원면(仙源面)은 문충공(文忠公) 선원(仙源) 김상용(金尙容) 선생의 호를 딴 이름이다.

김상용은 병자호란 때 척화(斥和)를 주장하였다가 청나라에 잡혀가 모진 고생을 한 청음(淸陰) 김상헌(金尙憲)의 친형이다. 이곳 선원면에는 동냥고개(덩넝고개)와 냉정(冷井:찬 우물)이라는 샘도 있다.

본래 고려 고종 때의 권신 최우(崔瑀)가 선원면에 절을 세우고, 절 이름을 선원사(禪源寺)라 하였으며, 불상 500개에 모두 금을 입혀 이 절에 안치하였다. 그 뒤 고려 충렬왕 때 거란병이 침입하자 왕이 이 절로 피난하기도 하였다.

조선 광해군 때 김상용은 선원사 바로 뒤에 살았다. 그는 인조 때 이조·예조판서를 지냈고, 병자호란 때 왕족과 비빈들을 시종하여 이곳 강화도로 피난하였으니, 지금 강화군 선원면 선행리 충렬사(忠烈祠) 자리는 바로 선원 김상용 선생의 집터요, 바로 충렬사 문 앞이 선원사의 절터가 된다.

병자호란 당시 강화도의 상황은 이러하였다.

청나라 군사들이 휩쓸고 내려오자 지금 강화대교 부근의 갯벌에는 한양에서 피난 온 사대부 집안의 남녀들로 붐볐지만, 빈궁(嬪宮) 일행이 나루터에 도착해도 배가 없어서 강을 건너지 못하고 이틀 동안이나 굶주리며 떨고 있었다.

그런데 이때 강화도 검찰사로 특명을 받은 김경징(金慶徵)이란 자가 있었다. 그는 인조반정의 일등 공신인 김유(金瑬)의 외아들이다. 그는 수십 척의 배로 제 가족을 먼저 건너게 하고, 강화도 섬이 제 왕국인 양 그 포악이 매우 심했다. 피난민을 구제한다는 명목으로 통진에 있던 나라의 곡식을 실어다가 자기 친구 이외에는 아무에게도 나누어주지 않았다.

주색에 빠져 강화성의 방비를 소홀히 하였으며, 강화 맞은편에 적이 몰려오자 강화 내성을 지킨다는 핑계로 단 한 차례도 싸우지 않고 물러나 버렸다. 적이 강을 건너오자 미리 마련해 둔 조그만 배에 자기 가족들을 태우고 강화도 밖으로 도망쳐 버려서 청나라 군사들은 싸움 한 번 하지 않고 강화도에 들어와 노략질을 자행하게 되었다.

처음 청나라 군사들이 강화도로 건너올 때 갯벌에서 기다리던 수많은 부녀자들은 적군의 기마대에 채이고 밟히고 끌려가고 바닷물에 빠져서 아비규환의 아수라장이 되었다. 이때 부녀자들이 죽어가면서 또는 바닷물에 떠내려가면서 "경징아, 경징아" 하고 검찰사 김경징을 원망하며 죽어갔다.[1]

그 갯벌에 부녀자들이 흘린 원한의 피가 붉은 꽃으로 피어났고 지금도 이 꽃을 '겡징이풀(경징이풀)'이라 부르는데, 이 풀은 소도 말도 먹지 않는다고 한다. 이 풀은 그 당시 부녀자들이 죽어간 강화대교 아래 벌밭에 지천으로 널려서 지금도 붉게 피어나고 있다.

이런 참극 끝에 강화성이 함락되기에 이르자, 그곳으로 피신한 왕족과 비빈들을 지켜내지 못한 것에 통분한 김상용은 화약을 가져오게 하여 성남문 문루에 올라 열세 살 난 손자를 안고 성문과 함께 자폭하였다.

그는 대묘신위와 왕세자를 모시지 못한 죄를 통감하고, 집안사람들을 모아놓고 영결(永訣)한 뒤 옷을 벗어 하인에게 넘겨주며, "너희가 만일 살아나거든 이 옷을 가져다가 내 몸을 대신하여 장사 지내게 하라"고 말하였다. 그리고 강화성 남문으로 가서 화약 상자 위에 걸터앉았다. 이때 종묘 제조 윤방이라는 사람이 문 앞에 와서 "대감께서 꼭 돌아가시려 한다면 나도 같이 죽게 하여 주시오" 하니, 그는 "그대는 종묘의 신주를 모시는 터에 하필 그럴 필요가 어디 있소" 하였다.

강화성 남문에서 폭약으로 순절한 문충공

선생은 아랫사람에게 담배에 붙일 불을 가져오라 하였다. 그러나 선생이 본래 담배를 피우지 않는 것을 알고 있는지라 불을 가져다주지 않았다. 그래도 재촉이 워낙 심하여 결국 불을 갖다주게 되었다. 곁에 있는 사람들을 모두 멀리 피하게 하였으나 이때 선생의 열세 살 난 손자 수전이 물러나지 않고 말하기를 "마땅히 할아버지를 따라 죽으리라" 하였고, 생원 김익겸과 별좌 권순장은 "대감 혼자서만 좋은 일을 하시렵니까?" 하며 그 자리를 떠나지 않았다.

마침내 선생이 화약 상자에 불을 대니 천지를 진동하는 폭음과 함께 사람과 문루가 다 날아가서 아무것도 남지 아니하였다. 선생이 순절한 직후 그의 육신을 찾으려 하였으나 산산이 흩어져 아무것도 발견할 수 없었다고 한다. 그런데 폭발 현장인 남문에서 3킬로미터쯤 떨어진 선원면 행원리에 선생의 신발 한 짝이 떨어져 있었다고 한다. 이것을 기이하게 여겨서 그 자리에 사당을 지었는데, 그것이 오늘날의 충렬사라고 한다(이것은 후대에 만들어진 이야기일 터이고 충렬사 자리는 원래 선생의 집터이다). 이 충렬사에 있는 선생의 비(碑)에서는 나라에 재난이 있을 때마다 땀이 흘러내린다고 한다.

지금 강화군 선원면의 이름은 원래 '선원(禪源)'이었으나, 김상용의 충절을 기리기 위하여 그의 호를 빌려 '선원(仙源)'으로 고친 것이다.

선행리 충렬사로 가는 길목에 찬우물고개가 나온다. 조선 제25대 임금 철종이 '강화도령'으로 그 외가인 염 씨댁에 얹혀 살 때 이 마을 처녀와 사랑을 맺었던 그 '찬우물'이 있었기에 마을 이름도 냉정리(冷井里)가 되었다. 또 동냥고개는 강화도령이 철종 임금으로 등극하기 전 워낙 빈한했기 때문에 그의 외삼촌 되는 염 씨가 동냥을 하려고 넘어 다녔던 고개라고 한다. 이곳 냉정리에는 그때의 염 부원군 댁, 곧 왕자의 출생지를 뜻하는 '용흥궁(龍興宮)'이라는 이름의 철종 생가가 남아 있으므로 강화도에 가면 바로 옆에 있는 용흥궁도 둘러볼 만하다.

김상용과 김경징. 두 사람의 이름을 나란히 쓰는 것 자체가 김상

선원 김상용의 순의비각

용 선생에게는 죄스러울 뿐이다. '겡징이풀'이란 이름은 국가가 누란의 위기에 처했을 때 한 관리가 자기 책임을 내팽개치면 그 피해가 백성들에게 어떻게 돌아가는지 잘 보여주고 있다.

김상용 선생의 대쪽 같은 절의가 강화도에 '선원면'이라는 이름으로 남아서 충신의 얼을 새겨주고 있는 것과 달리, '겡징이풀'은 그의 욕된 행적으로 말미암아 두고두고 저주스런 이름으로 그 뻘밭에 남게 된 것이다.

---

1) 이규태,《역사산책》, 신태양사, 1991, 128~132쪽.

서울 강남 압구정동과 파주시 반구정

벼슬에서 물러나 갈매기와 친해진다는 곳인데……

狎鷗亭洞 伴鷗亭

갈매기와 친하게 지낸다는 뜻을 지닌 '압구정'과 '반구정'

많은 사람들이 서울 한강변의 '압구정동(狎鷗亭洞)'은 알아도 경기도 파주시 문산읍 임진강변에 있는 '반구정(伴鷗亭)'이라는 정자는 잘 모르는 것 같다.

반구정과 압구정.

두 이름은 한강과 임진강 변에 있는 정자의 이름이다.

'반(伴)'과 '압(狎)'이라는 글자는 다르지만 두 정자가 모두 강변의 갈매기와 '짝한다' 또는 '친하다'는 뜻을 지녔으니, 옛 선비들이 벼슬자리에서 물러나 강변의 갈매기와 가까이 한다는 고아한 의미를 드러낸다.

파주의 반구정은 세종 때 방촌(厖村) 황희(黃喜) 정승이, 압구정은 세조 때 권신 한명회(韓明澮)가 세운 정자로서 약 30년의 차이를 두었으나 조선 개국 초기에 세워졌다는 점도 같다.

그러나 반구정과 압구정이 오늘날 우리에게 시사하는 바에는 큰 차이가 있다.

만약 반구정과 압구정이 왜, 어떻게 다른지 알고 싶다면 조용한 시간을 내서 한번쯤 두 정자에 다녀와도 좋을 것이다. 이 글은 그런 분들을 위하여 씌어진 것이다.

먼저 반구정을 생각해 보자.

반구정을 세운 방촌 황희는 태종과 세종 때 18년 동안 영의정을 지냈고 1449년 86세로 벼슬길에서 물러나 파주에 은거하였던 조선조 청백리의 귀감으로서, 세종 임금의 덕치와 문화정치의 황금시대를 이룰 때 소리 없이 내정을 이끌었던 호호야(好好爺)의 무골(無骨) 재상이다.

언제나 근검절약하면서 너그럽고 따스하였기에 지금까지도 그는 사심 없는 정치가, 마음을 비운 지도자로 존경받고 있으며 그에 대한 많은 일화가 전해지고 있다. 하지만 필자는 황 정승의 특히 기억할 만한 공적이 후세에 나열되지 않는 점이 오히려 더 마음에 든다.

반구정, 청백리 황방촌이 세운 정자

옛 선비들에게 갈매기는 산수(山水)의 상징이다.

근래에 다시 지은 정자이기는 하지만 반구정에 올라 임진강을 바라보노라면, 지금도 갈매기는 한가로이 날고 벼랑 아래로 유유히 흘러가는 강물은 그 풍경이 예나 지금이나 크게 다름이 없는 듯, 마치 산수화 한 폭을 보는 것 같다.

과거를 보아서 무엇하랴. 글재주를 뽐내고 문장이나
번드르르하게 다듬을 궁리나 하는 것은 군자가 할 일이 아니다.

반구정

위처럼 말하고 과거 보기를 거부하다가 부모의 강권으로 20대 초 (고려) 사마시와 진사시에 합격한 것이 그의 관계(官界) 진출의 빌미 였다.

이성계의 역성혁명으로 고려가 무너지고 조선왕조가 들어서자 새 왕조에 출사를 거부하는 고려 유신들과 함께 황희도 두문동에 들어 갔다. 그러나 그의 젊음과 인품을 아까워한 유신들이 그를 두문동에 서 내보냈다(두문동에 들어간 고려 유신들은 모두 불타 죽었다고 전해지며 여기서 '두문불출'이란 말이 비롯되었다).

태종이 왕세자를 첫째인 양녕에서 셋째인 충녕(뒷날 세종)으로 바꾸었을 때, '장자 세습 우선의 원칙'을 세우고자 이를 반대하였던 방촌은 교하로 유배되었다가 다시 남원으로 거처를 옮기게 된다.

그는 벼슬길에 오른 뒤 두 번의 좌천, 세 번의 파면, 서인으로 내쫓기기를 한 번, 그러나 1431년(세종 13) '일인지하 만인지상(一人之下 萬人之上)'의 영의정에 올라 명군(名君) 세종의 치세를 뒷받침하고, 부모가 살아 계실 때에는 효성 또한 지극하여 충효의 본보기가 되기도 하였다.[1)]

반구정 주변을 지금도 유유히 날아다니는 갈매기는 바로 그 방촌의 유덕(遺德)을 기리는 것인가. 그에 대한 여러 가지 일화야 여기에 다 들기는 어렵다.

반구정이 임진강을 내려다보며 서 있지만, 세조의 모신(謀臣)이자 나중에 권신(權臣)으로 영의정을 여러 차례 지낸 한명회가 지은 한강변 압구정은 이미 사라진 지 오래되었고, 그곳에는 시멘트 문명의 상징이자 서울에서 최고가를 자랑하는 압구정동 아파트촌이 들어서 있다.

압구정, 서울 강남을 상징하며 최고가로 각 구(區)를 압구(押區)

반구정에 갈매기의 모습은 아직도 한가로운데, 압구정은 압구정동 현대 아파트 72동 옆에 있는 조그마한 돌비로만 남아서 압구정의 옛 터임을 알려주고 있을 뿐 한가로운 갈매기는 구경할 수조차 없다.

한명회.

세조의 왕위 찬탈로부터 정난·좌리·익대 등 네 번이나 일등공신이 되었고, 두 딸을 예종과 성종의 왕비로 들여앉혔으며, 그의 행적 뒤에는 피와 옥사(獄事)와 칼바람이 뒤따랐다.

평소 송나라 승상 한충헌에 자신을 견주고, 스스로 권력이나 부귀 영화만을 탐내지 않았다는 평을 듣고 싶어 한강 건너 경치 좋은 이곳에 정자를 지었다. 그리고 명나라 한림학사 예겸에게 청하여 '압구정 (狎鷗亭)'이라는 이름을 받아 이를 새겨 정자에 붙이고, 또 자기의 호로 삼기도 하였다.

그러나 이름은 '압구정'인데 그 친하고 싶어하던 갈매기는 그 당시에도 이곳에 얼씬도 하지 않았고, 8도의 수령 방백들이 보내는 진상 행렬이 줄을 이었다고 하니, 갈매기도 그가 풍류객이 아님을 알아보았거나 시류를 꿰뚫어 보았기 때문이었을까.

임금이 하루 세 번씩 은근히 불러 총애가 흐뭇한데
정자는 있으나 와서 노는 주인이 없구나.
가슴 가운데 기심(機心)만 끊어졌다면
비록 벼슬바다 앞이라도 갈매기와 친할 수 있으련만.

이것은 그의 위선과 부귀를 풍자한 것으로 최경지라는 선비가 쓴 시이다.

젊어서는 나라를 붙들고　　　靑春扶社稷
늙어서는 강호를 즐겼네.　　　白首臥江湖

　정자에 걸려 있던 위 한명회의 시를 생육신 가운데 한 사람인 김시습이 읽어보고는 같잖게 여겨 '부(扶)'를 '망(亡)'으로, '와(臥)'를 '오(汚)'로 고쳤는데, 그 뜻은 "젊어서는 나라를 망치고 늙어서는 강호를 더럽혔다"는 뜻이다.

　이를 본 한명회가 노발대발 한 것은 그 뒷이야기란다.

　압구정동.

　지금은 서울에서도 최고로 치는 부자 동네 가운데 하나이다.

　개화 이전까지 모래톱에 갈대가 우거지고 물속의 고기떼도 훤히 들여다보이던 한강 남쪽의 경치 좋은 강벼랑은 이제 고급 아파트가 줄지어 늘어서서 서울의 모든 구(區)를 압구(押區)하는 곳이 되었다.

　마치 한명회가 누리던 영화가 오늘날 재연되고 있는 것 같기도 하다. 흔히 부르는 '로데오거리'니 '오렌지족'이니 하였던, 소비 욕구와 상업주의가 만들어 낸 거리의 풍경. 〈바람 부는 날이면 압구정동에 가야 한다〉는 유하의 시집이 있기도 하지만 씀씀이에 구애받지 않는 풍족함, 향락적 소비문화, "대한민국에서 이만큼 물 좋은 곳이 없다"고 하는 '물 좋은 아이들'의 고장으로 이름을 날리는 곳이 바로 압구정이다.

　말하자면 이것이 '압구정'에 '갈매기' 대신 등장한 것들이다.

　이런 모든 것들이 한명회의 부귀영화와 함께 '압구정'이라는 이름과 옛 사연을 다시 생각하게끔 하는 것이다.

---

* 1990년대 후반부터 강남구청과 압구정동 일대의 업주들은 압구정로를 '가

족의 거리'로 정하고 청소년들의 건전한 만남과 휴식을 위한 공간으로 바꾸고 있다고 한다.

---

1) 황원갑, 《역사인물 기행》, 한국일보사, 1988, 114~129쪽.

고흥군 소록도와 녹도, 함경북도 녹둔도
이충무공 발자취가 남은 변방 요새지의 세 사슴섬

小鹿島 鹿島 鹿屯島

충무공이 되찾은 녹둔도, 지금은 러시아 땅으로 둔갑

우리나라 국토의 북단인 두만강 하구에 지금은 러시아 땅이 되어 버린 녹둔도(鹿屯島)가 있다. 그리고 국토 남단의 고흥반도 끝에는 녹도(鹿島)가, 또 그 앞 700여 미터 바다 건너에는 유명한 소록도(小鹿島)가 있다.

이 세 섬은 모두 '사슴섬'이라는 뜻을 지니고 있고, 또 임진왜란 때 국토를 지키다가 목숨을 바친 충무공 이순신의 발자취가 남아 있으며, 당시 변방의 요새지라는 공통점이 있기에 그전부터 필자의 관심을 끌었다.

먼저 두만강 하구의 녹둔도부터 살펴보자.

녹둔도는 두만강이 동해로 흘러 들어가는 하구의 함경북도 웅기군(오늘날 선봉군)과 러시아 영토인 연해주(沿海州) 사이에 있는 남북 70리, 동서 30리쯤 되는 섬이다.

《세종실록지리지》나 《조선왕조실록》, 《동국여지승람》 등에도 명백하게 기록되어 있는, 분명한 우리 영토로서 세종 때 김종서의 6진

개척 이후 우리 영토로 관리되었고 〈동국여지지도〉, 〈서북피아양계 만리일람지도〉, 〈대동여지도〉 등 여러 고지도에도 우리 영토로 표기되어 있다.

이곳은 통칭 '사슴섬'으로 불렸는데, 그 한자식 표기는 사차마도 (沙次亇島)·사심마도(沙深麻島)·녹도(鹿島)로 씌어졌으며, 둔전(屯田: 군량을 마련하기 위해 설치한 토지)을 두고 변방의 군사기지로 사용하여 온 곳이므로 '녹도'와 '둔전'의 뜻을 합하여 '녹둔도'라고 부르게 된 모양이다.

1568년(선조 19) 이순신은 국토의 북쪽 끝 녹둔도 일대의 방비를 맡은 조산만호(造山萬戶)로 부임하게 된다. 이듬해 9월 24일 이 섬에서 우리 농민 100여 명이 호적(胡敵)에게 납치당하고 병사 10명이 전사하였으며, 말 15필을 빼앗기는 녹둔도 사건이 일어났다.

이때 이순신은 경흥부사와 함께 이들을 추적하여 격퇴하고 녹둔도를 되찾았으며, 그 승리를 기념하여 '전승대(戰勝臺)'라는 비를 세웠다. 그 비가 두만강에서 30리쯤 떨어진 함경북도 선봉군 조산 마을에 남아 있다고 전해진다. 충무공 이순신은 왜적으로부터 국토의 남쪽 바다를 지켜내기 전에, 이미 이 나라 북쪽 끝 외진 땅에 와서도 오랑캐로부터 국토를 지켰던 것이다.

이 녹둔도가 조선 정부도 잘 모르는 사이에 러시아 영토로 변해버린 경위를 살펴보면 참으로 기가 막힌다. 제정 러시아는 1860년 11월 청국에 청국과 영국·프랑스 사이의 강화를 주선하였으므로 그에 대한 대가로 청·러 양국 사이에 국경이 확정될 때까지 연해주 땅을 러시아 영토로 인정하라고 요구하였다.

이때 궁지에 몰린 청나라는 마침내 북경조약을 체결하기에 이른다. 이 조약으로 남한과 북한을 더한 것보다 더 넓은 엄청난 땅이 알선 수수료 몫으로 청나라에서 러시아로 할양되었으니, 이런 종류의 구전(口錢)은 아마도 세계 역사에서 전무후무한 일일지 모른다.

당시 녹둔도는 두만강 상류에서 흘러내린 퇴적층이 쌓이고 하천이 흐르는 길이 변경되어 연해주와 이어진 상태였는데 청·러 양국은 국경의 경계비를 세우면서 아예 녹둔도까지 러시아령으로 만들고 말았던 것이다.

그러나 연해주를 포함한 두만강변 일대는 본래 발해의 옛 땅이다. 더구나 녹둔도는 연해주와 만주, 북한의 북부가 연계되는 땅이므로 동해로 진출하는 요충지로서 지정학적으로도 매우 중요한 땅이다. 선조들이 피 흘려 지켜 온 이 땅을 화살 한 발 쏘아보지 못하고 남의 영토로 내주고 만 것이다. 그 뒤로 우리 조정은 청나라에 부당하게 빼앗긴 녹둔도를 반환하라고 요구하였으나 청국은 우리의 요구를 묵살하였다.

그리고 지금의 사정은 어떠한가.

일본은 러시아에 줄기차게 이른바 북방 4개의 도서를 반환하라고 요구하고 있음에도, 우리는 녹둔도 문제를 거론조차 하지 못하고 있다. 수백 년 동안 물려받아 온 우리 강토(疆土)가 '녹비(鹿皮)에 가로왈(曰)자'처럼 순식간에 바뀌고 만 것이다. 팔짱만 낀 채 중요한 국경, 변방의 요새지를 어찌하여 이처럼 허술하게 관리하였으며 그리도 수월하게 넘겨주게 되었는지 참으로 이해하기 힘들다.

이 충무공 수군의 주력부대가 머물던 녹도와 소록도

다시 국토의 남쪽, 고흥반도의 끝 녹도(鹿島)와 소록도(小鹿島)를 살펴보자.

녹도와 소록도는 행정구역으로 전남 고흥군 도양읍에 속한다. 고흥 지방에서는 녹도를 '녹동(鹿洞)'이라 부르고 있으나, 본래 사슴섬 또는 사슴머리를 뜻하는 '녹도(鹿島)' 또는 '녹두(鹿頭)'로 표기하여 왔으며, 이 섬이 육지와 이어지면서 녹동이라 부르기 시작한 것으로 보인다.[1]

조선시대에 왜적이 이곳에 자주 출몰하여 전라 좌수사의 관할에 속한 수군만호진의 하나로 녹도진(鎭)을 두었고, 녹도만호 휘하에 전선 10여 척과 수군 500여 명이 주둔하여 국토 남단의 바다를 지키는 요새지가 되었다. 그리고 녹도만호는 임진왜란 당시 전라 좌수사였던 이충무공 휘하의 수군 주력부대이었다.

1592년 2월 22일 : 아침에 공무를 본 뒤 녹도로 가다.……녹도로 가서 새로 쌓은 문루에 오르고……대포 쏘는 것도 보다.

1592년 5월 1일 : ……녹도만호 정운(鄭運) 등을 불러들이니 모두 분격하여 자기 자신조차 잊어버리니 가히 의사들이라 하겠다.

1952년 6월 7일 : ……녹도만호 정운도 한 척을 잡으니 왜적의 머리가 36개다.

녹도(녹동항)와 소록도(왼쪽)를 잇는 다리

1595년 2월 13일 :　　……도양둔전(녹도)에서 벼 300석을 실어와
　　　　　　　　　　　각 포구에 나누다.

1596년 8월 19일 :　　……녹도로 가는 길에 도양둔전을 살펴보고
　　　　　　　　　　　체찰사(體察使)가 매우 기뻐하다. 녹도에 이르
　　　　　　　　　　　러 자다.

　　이는 이충무공의 《난중일기》에서 녹도에 관한 기록 가운데 몇 가
지만 뽑은 것이다. 위에 나오는 녹도만호 정운은 이충무공의 선봉장
으로 뒷날 부산 해전에서 전사한 용맹한 장수이다.

　　이 녹도(녹동) 앞바다에 있는 소록도는 이미 우리가 잘 알고 있는
섬이다(지금은 연육교에 의하여 녹동과 국도로 연결되어 있다).

어제

깡통을 들던 손은

이제 씨앗을 뿌리는

손이 되고

어제 문전걸식에

굽신거리던 허리는

이제 대지를

굽어 하늘을

향하는

일하는 허리가 되었다

어서

욕되었던 얼굴을 치들어라

언제나 눈물이 마를 날이

없던 눈으로

하늘과 땅과

산천 초목을

마음껏 보아라.

　

나환자 시인 한하운의 〈세월이여〉라는 시이다. 그가 소록도 나환
자들을 동원하여 고흥 남쪽의 바다가에 방조제를 축조하고 간척사
업을 완성한 뒤 그 감격을 노래한 것이다.

녹도 앞바다에 떠 있는 작은 사슴섬 소록도. 국내에서 보기 드문

관상수와 백사청송의 해수욕장, 온화한 기후는 참으로 사슴이 뛰어놀 만한 곳. '문둥이'라는 한 맺힌 이름 속에 "지까다비를 벗으면 발가락이 또 한 개 없다"는 그들의 애끓는 슬픔과 눈물이 얼룩져 있는 곳이 바로 소록도이다.

이(한센씨) 병에 걸렸다는 이유만으로 사람의 자격을 포기해야 하는 천형(天刑)의 병이 바로 나병이었기에, 이 섬은 정상인들로부터 말할 수 없는 박해를 받기도 하였다. 일제 때 세워진 뒤 나환자들의 땀과 눈물로 만들어진 소록도 공원은 이제 그들의 낙원이며, 이 섬의 이름대로 그들은 분명 순한 사슴일 뿐이다.

국토의 북쪽 끝 녹둔도와 국토의 남쪽 끝 녹도에서 나라를 지키기 위해 전장을 누비다가 결국 노량 앞바다에서 순절한 이충무공과, 국토의 남과 북의 끝에 자리 잡은 세 개의 사슴섬을 생각하고 또 남의 땅이 되어버린 녹둔도의 사연을 떠올리다 보면 속상한 심정은 비단 필자만의 소회가 아닐 것이다.

---

1) 서울대학교 규장각 소장의 〈전라좌도 흥양현지도〉와 각종 고지도 그리고 문헌 등에 따르면, 녹동은 당시 녹도(鹿島)로서 이충무공 휘하의 종4품 녹도만호(鹿島萬戶)가 주둔하던 곳이다.

서울 대방동과 장승배기

정조임금 수원 화성 길에 세운 우두머리 대방장승

大方洞

신하와 군사 6천여 명이 움직인 정조의 화성행차 — 을묘원행

조선 영조 임금이 자신의 친자식이자 왕위 계승권자인 사도세자 (思悼世子)를 뒤주 속에 가두어 굶겨죽인 것은 조선조 당쟁사에서 최대의 참변이라고 할 수 있다.

이 사건을 지켜본 사도세자의 아들이자 영조의 뒤를 이은 정조에게는 부친의 비극적인 죽음이 평생을 두고 한이 되었다. 할아버지를 이어 임금이 된 정조는 1789년(정조 13) 서울 휘경동의 배봉산(拜峰山)에 있던 사도세자의 묘소를 수원 화산(花山)으로 옮긴 뒤, 이 현륭원(顯隆園)을 모두 열세 차례 방문하였다.

정조의 화성 행차 가운데서도 특별한 의미를 지닌 때는 1795년(정조 19)의 방문이었다. 겉으로는 어머니 혜경궁 홍씨의 회갑을 경축하기 위한 나들이였지만 한편 돌아가신 아버지 사도세자의 회갑이 되는 해이기도 했으므로 살아계신 부모에게는 회갑 잔치를, 돌아가신 부모에게는 묘소 참배를 드릴 수 있는 기회가 되었다. 이 해가 을묘년(乙卯年)이었으므로 8일 동안의 화성 행차를 '을묘원행(乙卯園幸)'

이라 하며, 그 행사에 관한 준비나 진행과정을 상세하게 그린 그림 등이 지금까지 남아서 전해지고 있다.

1795년 2월 9일 경기감사 서유방과 영의정 채제공이 앞장서서 이끌었던 정조 임금의 화성 행렬은 말을 탄 115명의 악대의 연주에 238명의 군인들이 깃발을 휘날리고, 총 6천여 명의 신하와 군사들이 움직이는 장엄한 행차였다(국왕의 행차는 본래 '행행(行幸)'이라 하는데 여기서는 쉽게 '행차'라 하겠다). 이 행렬은 창덕궁 돈화문을 출발하여 종루(종로) → 광통교(대광통교, 소광통교) → 숭례문(남대문) → 만천교 (만초천 위) → 노량 배다리에 이르렀고, 한강에 놓인 배다리의 중간에는 홍살문이 세워져 있었는데 정조는 이곳에서 잠시 말에서 내려 어머니에게 문안을 드렸다.

배다리, 즉 주교(舟橋)를 통하여 한강을 건넌[1] 행렬은 노량진 용양 봉저정(龍驤鳳翥亭)[2]에서 점심을 들고 잠시 휴식을 취하였다. 그리고 다시 출발한 행렬은 만안현[3] → 장승배기고개 → 번대방평을 거쳐서 시흥 행궁으로 들어갔는데, 시흥 행궁에서는 임금이 직접 저녁 수라상을 살핀 뒤 어머님께 올리게 하였으며 이곳에서 행차의 첫날밤을 묵었다.

장승배기, 정조의 명에 따라 장승을 세운 고개

필자가 이처럼 정조의 을묘원행 가운데 첫날 여정을 자세하게 설명하는 까닭은 바로 '장승배기' 고개와 '대방동', '신대방동'의 유래를 살펴보기 위해서이다.

대방동 장승배기의 장승

　서울 동작구 상도동과 노량진동 사이에 장승배기 고개가 있고, 이
고개에서 동쪽으로 200미터쯤 가면 대방동이 있으며, 대방동의 바
로 남쪽에는 신대방동이 있다. 장승배기 고개에는 서울 지하철 7호
선 장승배기역이 들어섰고, 이곳에서 노량진 수산시장 쪽으로 통하
는 장승배기 길이 있으며, 장승배기역의 바로 옆 동작 도서관 앞에는
근래에 세운 장승이 서 있다.

정조가 화성 행궁으로 다닐 때 이곳은 인가도 없고 행인도 드물었으므로 임금이 이곳에 장승을 세우게 하였는데, 이 일로 '장승배기'라는 이름을 얻게 되었다. [4]

장승은 한자로 '후(堠)'라고 쓰며 승(丞, 承, 桛), 장승(長丞, 長桛, 長承), 장성(長性, 長城), 장선(長仙, 長先), 장신 등 여러 가지로 기록되어 있다. 장승은 주로 마을 앞이나 큰 길가, 사찰 앞 등에 세워졌는데 나무 기둥이나 돌기둥 등에 사람의 얼굴 형태를 소박하게 새긴 모습이다. 대개 천하대장군(天下大將軍), 지하여장군(地下女將軍)이라고 새긴 것이 많다. 그리고 마을 장승은 동제(洞祭)의 신으로, 사찰 장승은 절의 경계 표시나 호법금제(護法禁制)로, 공공 장승은 길의 이정표를 나타내고자, 비보 장승은 풍수지리상 부족한 점을 보충하기 위하여 세워졌다.

특히 동제에 등장하는 장승은 일종의 방위신(方位神)으로 이름 그대로 귀신을 쫓는 '축귀(逐鬼)대장군'이 되는데, 오방(五方)과 오색(五色)에 맞추어 동쪽 장승은 '동방청제(靑帝)축귀대장군', 서쪽은 '서방백제(白帝)축귀대장군', 남쪽은 '남방적제(赤帝)축귀대장군', 북쪽 장승은 '북방흑제(黑帝)축귀대장군'이라 하였다. [5]

장승은 대부분 마을의 화평이나 풍년, 또는 병이 낫기를 기원하는 서낭굿·도당굿·안택굿 등을 할 때 주신(主神)이나 수문신(守門神) 역할을 하였다. 《경국대전》에는 50리마다 대후(大堠:큰 장승)를, 30리마다 소후(小堠)를 세우도록 되어 있었으므로 장승과 관련하여 전국적으로 많은 지명이 생겨나게 되었다.

이를테면 승산(桛山)·승이(桛伊)·승천(桛川)과 같은 한자식 이름

이 있고, 장성거리·장성개·장성골·장성동·장성리·장성박이·장성
배기·장승배기·장승거리·장승포·장승터 등 그 숫자는 남한에만 1천
개소가 넘는다.

팔도 장승의 우두머리는 서울 노량진의 대방장승

장승과 관련하여 빼놓을 수 없는 인물이 있다. 바로 판소리에 나
오는 익살스럽고 방탕한 잡놈 변강쇠이다. 신재효의 판소리 여섯마
당 가운데 하나인 〈변강쇠전〉은 다른 이름으로 〈가루지기타령〉 또
는 〈횡부가(橫負歌)〉라고도 불린다. 이 판소리는 전라도 잡놈인 변강
쇠와 평안도 음녀(淫女)인 옹녀가 만나서 벌이는 음행과 권선징악적
신벌의 무서움을 알려 주는 극가문학(劇歌文學)이다.

남남북녀(南男北女)라 하여, 변강쇠는 북으로 옹녀는 남으로 저마
다 자신의 짝을 찾아 올라가고 내려오다가 개성에서 만나, 두 사람은
곧장 한 몸이 되어 어우러진다. 의기상통한 두 사람은 변강쇠의 고
향인 남원의 지리산으로 들어가 살게 된다.[6] 이때 게을러빠진 변강
쇠가 나무하러 간답시고 실컷 낮잠만 자다가, 해가 저물어가자 부랴
부랴 일어나 함양 고갯마루에 서 있는 장승을 뽑아다가 방에 군불을
때려고 하는데, 옹녀가 이를 말렸다.

> 그것이 웬 소린고. 진 충신 개자추는 면산에서 타서 죽고, 한 장군 기
> 신이는 형양에서 타서 죽어 참 사람이 타죽어도 아무 탈이 없었는데,
> 나무로 깎은 장승인형을 패 때어 관계한가?

변강쇠는 이처럼 말하고 도끼로 장승을 쾅쾅 찍어 군불을 때 버렸다.

이에 불타 죽은 함양의 장승 귀신이 우리나라 장승 가운데 최고 두목인 서울 노량진의 '대방(大方)장승'을 찾아가 그 억울한 사정을 호소하였다. 이에 대방장승이 크게 노하여 팔도장승회의를 소집하려고, 사근내(沙斤乃)장승 공원(公員)과 지지대(遲遲臺)장승[7] 유사(有司)를 불러들인다.

그리하여 새남터에서 시흥까지 꽉 메운 조선 8도 310고을 장승대회가 열렸는데, 여기서 의논 끝에 해남 관머리 장승의 의견이 채택된다. 대방장승이 결정하기를 변강쇠의 오장육부, 이목구비, 어느 한 곳 빠짐없이 몸 구석구석을 1만 가지 병으로 도배질하여 병으로 앓다가 차츰차츰 숨이 끊어지도록 하자고 결정한 것이다.

그리하여 변강쇠가 잠든 사이에 8도의 장승들이 변강쇠에게 온갖 병을 가져다 붙이는데, 머리에서 두 팔까지는 경상·전라도 장승이, 겨드랑이에서 볼기까지는 황해·평안도 장승이, 항문에서 두 발까지는 강원·함경도 장승이, 오장육부는 경기·충청도 장승이 맡아서 1만 가지 병을 심어 주었다. 천하에 아무리 기골이 장대한 변강쇠라도 이 병에는 견딜 수 없어서, 마침내 장승처럼 뻣뻣하게 선 채로 죽고 말았다.

번대방, 대방장승이 번을 서는 곳

…… 속곳 아구대에 손길을 풀쑥 넣어 여인의 보지 쥐고 으드득 힘주더니 불끈 일어 우뚝 서며……짚동같이 부은 몸에 피고름이 낭자하

고, 주장군(朱將軍)은 그저 뻣뻣, 목구멍에 숨소리는 딸깍, 콧구멍에
찬 바람은 왱, 생문방(生門方) 안을 하고 장승죽음 하였구나.

이처럼 변강쇠를 처벌하고 팔도 장승을 총괄하는, 말하자면 장승
대통령이 바로 노량진 장승배기에 서 있었던 대방장승이다. 대방장
승은 원래 한강변 노들나루의 용양봉저정 부근에 세워졌던 것으로
보인다. 그러다가 정조의 명에 따라 이곳 장승배기로 옮겨졌다. 그
후 1930년대에 일본 사람들이 상도동 일대에 택지를 조성하면서 미
신과 무속을 타파한다는 명목으로 장승을 없애고, 이 근처에 아카시
아 나무를 심었다고 한다.[8]

이 장승배기 고개의 서쪽이 대방동이며, 그 남쪽이 신대방동이다.
'대방(大方)'이란 전통 한방의학에서는 중한 병을 다스리는 데 강력한
처방을 해 주는 것을 뜻하는데, 장승배기의 대방장승이 아주 영험하
여 백성들의 병을 잘 고쳐 주었으므로 '대방장승'이라 한 것일 수 있
고, 또 어명에 따라 세운 장승이니 '대방(댓빵:우두머리)'이라는 뜻으로
이름을 붙였다고 볼 수 있다. 혹은 동방청제, 서방백제, 남방적제, 북
방흑제 장군을 총괄하는 '대방' 장군이라는 뜻일 수도 있다.

서울 동작구의 대방동은 시흥군 하북면 번대방리(樊大方里, 番大方
里)이었다. 그전에는 고사리(高寺里:높은절이)와 번당리(樊塘里:번댕이)
라는 두 마을로 이루어진 곳이었다.[9] 이 일대를 번대방리라 부르기
시작한 것은 조선 후기로 보이는데, 그 유래는 이곳 장승배기에 있었
던 대방장승으로 보는 것이 타당할 것이다.

  번대방의 '번(番)'이라는 글자는 '차례로 임무를 맡는다'는 뜻이므로, '번대방'이란 '대방장승이 번을 서는 곳' 또는 '대방장승이 지키는 곳'으로 풀이할 수 있기 때문이다.

  그러고 보면 정조 임금 때문에 붙여진 땅이름이 여럿이다. 수원의 '지지대(遲遲臺) 고개', 과천의 '남태령(南泰嶺)', 노량진의 '장승배기'가 있고, 또 이곳 '대방동(大方洞)'이나 '신대방동(新大方洞)'도 그런 이름의 하나로 보아야 하겠다.

---

1) 지금의 동작구 본동사무소 앞에는 '주교사터' 표지석이 서 있다. 주교사는 바로 임금의 수원 행차 시 한강에 부교(浮橋), 즉 뜬다리를 놓는 일과 충청도·전라도의 조운(漕運)을 맡아 보던 관청이 있었던 곳이다. 1789년(정조 13)에 설치되어 1882년에 폐지되었다.

2) 용양봉저정(줄여서 '용봉정'이라고도 한다)은 동작구 본동사무소 바로 뒤에 있다. '용양봉저'는 용이 뛰놀고 봉이 높이 날아오른다는 뜻이며, 이곳을 주정소(晝停所)라고도 일컬었다.

3) 서울 동작구 상도동과 본동 사이에 있던 만양고개이다.

4) 장승배기의 '배기'는 장승이 '박혀' 있다는 뜻으로 보는데, 일설에는 '장승백(長丞伯)'으로 풀이하기도 한다.

5) 동아출판사, 《한국문화상징사전 1》, 1996, 518쪽.

6) 전라북도 남원시 산내면 대정리 뱀사골 초입의 백장암 일대에는 변강쇠 전설이 얽혀 있는 변강쇠자지바위, 옹녀샘, 수태바위 등의 여러 지명이 남아 있다.

7) 지지대는 곧 수원시 파장동에 있는 고개로서 정조의 화성 행렬이 지나가는 길목이 되었다. 그전에 장승이 있었던 곳이며, 정조의 행차가 머뭇거린 사연 때문에 '지지대(遲遲臺)'라는 이름으로 바뀌었다.

8) 서울특별시, 《서울의 고개》, 1998, 241쪽.

9) 이재곤, 《서울의 전래동명》, 백산출판사, 1994, 239쪽.

안동시 토계와 도산

부조리한 세태에 가르침을 주는 참 스승

土溪 陶山

이황의 호가 된 토계, 그 이름대로 개울도 물러나

경상북도 안동시 도산면(陶山面) 토계리(土溪里)의 도산(陶山)에 도산서원(陶山書院)과 토계(土溪)라는 개울이 있으며, 토계는 퇴계(退溪)라고도 한다.

개울이 제 이름을 대 유학자에게 빌려 주었으니 산천도 빛나고 유향(儒香)도 향기롭다. 도산서원을 흐르는 개울인 이퇴계 선생은《도산잡영》에 도산(陶山)은 "이 산이 두 번 이루어졌기 때문에 '또산'이라 이름 한 것"이라 하였고, "혹은 옛날 이 산에서 도기(陶器)를 구웠으므로 '도산(陶山)'이라고도 한다"고 기록하였다.

45세가 되던 1545년에 을사사화를 겪고 나서는 벼슬에 뜻이 없어 견지산 기슭에 양진암이라는 집을 세우고, 그 앞을 흐르는 토계(土溪, 兎溪, 嘟溪, 吐溪, 톳계)를 '귀향하여 물러난다'는 뜻의 '퇴계(退溪)'로 바꾸고 이때부터 자신의 호를 퇴계라 하였다.

몸이 물러나서 어리석은 분수에 만족하지만

도산서원

배움은 날로 퇴보하는 늙마에 이르렀도다.

계산(溪山)에 비로소 자리잡아 살려고 하니

시냇가에서 냇물과 세월의 흐름을 보고 날마다 반성함이 있네

그런데 부근에 안동댐이 건설되자 퇴계의 개울물이 역류하게 되었는데, '退溪'라는 글자 그대로 '물러난 개울'의 뜻으로 풀이하면 이름과 현실이 그대로 맞아 떨어지니 필자는 이를 퇴계의 선견지명으로 여기고 싶다.

'도산서원'의 현판은 명필로 이름을 떨친 한석봉의 글씨이며, 웃토계에는 퇴계 선생의 구택이 있다. 그리고 석간대(石磵臺), 역락서재(亦樂書齋), 광영당(光影塘, 못), 탁영담(濯纓潭) 등과 함께 선생의 유택도 이곳에 모셔져 있어서 선생의 유향을 전해 준다.

왕명으로 네 번이나 올라가 받은 억지 벼슬

48세에 단양군수로 나갔다가 얼마 뒤 둘째 아들마저 22세라는 젊은 나이로 죽었으니 (퇴계는 이보다 먼저 부인을 사별하였다) 자식을 땅에 묻은 퇴계의 마음이 어떠하였을까. 49세에 풍기군수로 있다가 병을 핑계로 벼슬을 사양한 채 고향 퇴계로 내려왔고, 예닐곱 차례에 걸쳐 벼슬을 사양하며 고향 도산에서 학문에 전념하고자 하였으나, 당시의 상황은 때마다 벼슬에서 완전히 손을 뗄 수 없게 만들었다.

그리하여 50세 이후 70세로 세상을 떠나기까지 20년 동안 그는 왕명에 따라 네 번이나 서울에 올라가 조정에서 내리는 벼슬을 받지 않을 수 없었다. 성균관 대사성, 병조참의 등을 지내다 보니 은둔한 뒤에도 5년 2개월이나 서울 생활을 하게 되었다.

그럼에도 퇴계의 은둔생활은 실제로 49세에 이루어진 것이라고 보아야 할 것이며 그 이후의 벼슬은 참으로 내치기 어려운 왕명이었음을 이해할 수 있다. 퇴계와 비교하여 공자는 어떠하였는가. 그는 55세 때 진나라에서 다음과 같이 읊었다.

> 돌아가리 돌아가리.
> 우리 고향 젊은이들은 뜻이 커서
> 눈부신 무늬를 짜내고 있다.
> 그러나 어떻게 마름질을 해야 할지 모르고 있구나

이런 공자의 귀향은 70세가 되어서야 이루어진다.

퇴계 이황.

수많은 제자를 길러 냈으나 한 번도 남의 스승임을 자처한 적이 없었으며, 샘터에서 물이 솟아나듯 세상의 근본 이치를 몸으로 뿜어내며 제자들과 토론하듯 의논하듯 자기의 의견을 강요하지 않았다. 광풍제월(光風霽月)의 흉금으로 어려움 속에서도 흔들리거나 방황하지 않고 몸과 마음가짐이 언제나 같았다.

더욱이 자연을 사랑하고 여행을 즐겼으니, 이는 곧 인자요산(仁者樂山) 지자요수(知者樂水)의 기상과 의사를 지녔기 때문일 것이다. 위로는 의주에서 남쪽으로 진주, 한양, 원주와 강원도, 여주, 청량산, 금오산, 금강산, 청평산, 단양과 풍기 일대, 소백산 등지를 다니며 많은 글을 남겼으니 그의 자연과 인간에 대한 깊은 이해, 삶에 대한 관조는 잘 짜인 인생의 무늬를 보는 것 같다.

퇴계학은 일본에 더 잘 알려져 있다

퇴계의 학문은 오늘까지도 푸르게 그늘을 드리우며 이어져오고 있으며, 특히 일본의 유학자들이 그의 영향을 많이 받았다. 그들은 성리학을 밝히는 데 송나라나 명나라의 학자들보다 퇴계가 더 순수하고 정밀하다고 말한다. 그만큼 퇴계의 학문이 일본에 널리 퍼졌고, 일본 학자들 사이에서 퇴계학을 연구하여 책을 내는 사람들까지 있을 정도이다.

그의 인생 역정은 결코 순탄한 것이 아니었으니, 암울하고 어두운 시대적 배경과 정치 상황이 그에게 많은 제약이 되었음직도 하다.

그러나 그가 이룩한 학문의 업적이나 후세에 끼친 지대한 영향은 오늘날 '퇴계학'이라는 한 영역을 이루면서 꺼지지 않는 등불로 이어지고 있다. 퇴계가 학문의 길을 간추려 정리한《성학십도》나 당시의 도산서원 일대를 그림으로 보는 것 같은《도산잡영》을 펼쳐보며 명유·명현의 가르침을 되새겨 보는 것도 좋을 것이다.

> 아아 슬프도다. 나라의 원로를 잃으니 부모가 돌아가신 것 같고, 용과 범이 망했으며 경성(景星)이 빛을 거두었도다. 제가 일찍이 배움을 잃고서 하릴없이 방황할 때 나의 잘못된 길을 바로잡아 주신 것은 실로 선생께서 열어 주심이었습니다.

퇴계가 세상을 떠나자 이율곡이 〈곡퇴계선생〉이라는 만사(추도시)로 쓴 글이다.

끝으로 '이기이원론'의 이(理)와 기(氣)에 대해서 간단히 살펴보자.

'이'란 존재와 변화가 있게 하는 이유가 되는 것, 곧 소이연지리(所以然之理)이며, 그렇게 되도록 당위성을 부여해 주는 것, 곧 소당연지리(所當然之理)이다. '이'는 지선(至善)한 것으로 인간에게는 '본성' 또는 '이성'으로 설명되기도 한다. '기'는 사물을 이루는 질료 또는 사물이 있는 현상세계의 내용으로 볼 수 있다. 기는 형이하(形而下)의 성질을 드러내는 것이다. 인간에게 육체적인 것과 본능적인 것을 기질지성(氣質之性)이라 표현한다.

인간 이퇴계. 자신의 병세가 위독해지자 병석에서 빌려온 책을 제자들에게 기록하여 돌려주게 하고, 예장(禮葬)을 하지 못하게 하였으며, 비석을 세우지 말고 조그만 돌을 쓰도록 하였다. 그리고 아끼던 매화 화분을 바라보며 임종을 하였으니, 이때가 1570년(선조 3) 12월 8일 향년 70세였다. 참스승으로서 많은 인재와 저서를 남긴 퇴계 이황은 이렇게 생을 마친 것이다.

인간 본성을 자각하고, 인간 본연의 모습을 회복함으로써 인간적 가치와 권위를 되찾으려 하였던 퇴계의 가르침은 물질만능에 찌들어 가는 오늘날 우리들이 다시 되새겨 보아야 하는 교훈이 아닐 수 없다.

용인시 어비리와 수역
어윤중 죽은 곳, 물고기는 살찌고
魚肥里 水域

민중이 무기를 들고 폭동을 일으켰을 때 만일 그 최초의 폭발하는 순
간만이라도 살짝 몸을 피할 피난소가 있다면 그들을 진압하는 것은
매우 간단하다. 왜냐하면 소동을 일으킨 장본인들이 곧 어느 정도 자
아로 돌아가서 제각기 자기 집으로 돌아갈 마음으로 바뀌며, 자기가
한 일에 자신을 잃게 되기 때문이다.

—N. B. 마키아벨리

성난 군중으로부터는 일단 몸을 피해야 한다는 것, 이는 동서고금
에 차이가 없다. 이성은 멀고 증오만 앞선 흥분 상태에서는 '문답무
용(問答無用)'이라는 말이 더 적절할 것이다.

그런 비극의 현장, 별로 잘 알려지지 않은 역사의 현장이 있다.

경기도 용인시 이동면에 '어비울'과 '수역(水域)'이라는 특이한 이름
의 마을이다. 용인에서 안성으로 가는 국도 45호선과 안성시의 경계
에는 이동저수지가 있는데, 어비울은 이 저수지의 남쪽에 있는 마을
이다.

조선왕조가 혼미를 거듭하고 민황후가 시해된 1895년 섣달 그믐께, 당시 탁지부 대신이었던 어윤중(魚允中, 1848~1895)이 이곳을 지나게 되었다. 그 당시 상황은 고종이 민황후를 시해한 일본과 그 배경으로 수립된 김홍집내각에 위험을 느끼고 외국 공관으로 피신해 있을 때였다.[1]

민심이 흉흉해지자 탁지부 대신 어윤중은 여인의 가마를 타고 고향인 충청도 보은으로 낙향하는 길에 이곳을 지나게 되었다. 그가 주막에 여장을 풀고 나서 주모에게 마을 이름을 묻자 주모가 '어비울'이라고 하였다.

본래 냇물이 많고 넓어서 물고기 살찐다는 뜻의 어비(魚肥)울인데, 그에게는 어비읍(魚悲泣)으로 들렸다. '물고기가 슬피 운다'는 뜻이 되므로 자신의 성씨를 생각해 볼 때 불길하게 느껴졌다. 그는 부랴부랴 다시 행장을 갖추고 어비울을 피해 이웃 동네로 거처를 옮겼다.

그러나 옮긴 것이 결국 화근이 되어 그의 신분을 알게 된 마을 장정들에게 붙들리고 말았다. 마침내 어윤중은 지금 이동저수지의 수문이 된 강변에서 몽둥이에 맞아 무참히 살해되었고, 다시 장작더미에 쌓여 불태워졌다. 어비울을 어비읍(魚悲泣)으로 해석한 그의 예감이 그대로 적중한 것이다.

이동저수지가 생기면서 그 당시의 마을은 언덕배기로 이주하여 오늘에 이르렀는데, 그 사건이 있은 뒤 한동안 어비울 강변에서는 밤마다 "어탁지, 어탁지" 하고 귀신 우는 소리가 들렸다고 한다.[2]

탁지부 대신 어윤중은 사실 민황후 시해사건 때 낙향해 있었고, 원

어비리저수지 전경

만한 성품의 중도파 인물이었다. 그는 고종 때 서북경략사가 되어 백
두산 정계비에 나오는 토문강이 두만강이 아닌 송화강 지류이므로
만주의 간도 지방이 우리 땅임을 분명하게 밝힌 인물이기도 하다.[3]

어비리와 이동저수지.

어비리는 1960년에 큰 저수지가 생겨서 그 이름대로 물고기들이
더욱 살찌면서 오늘날 낚시터로 각광받고 있으니 '어비리'라는 이름
이 기막히게 맞아떨어졌다. 또 수역(水域, 壽域)[4] 마을은 이동저수지
의 제방이 생겨서 물의 경계구역, 수역(水域)이 되었으므로 지명과
현실이 딱 맞아떨어진다.

그러나 이곳 저수지 수문 부근에서 군중의 몽둥이에 생을 마감한 탁
지부 대신 어윤중의 비극을 오늘날 기억하는 사람이 얼마나 될까. 땅이

름과 인명이 빚어낸 한 편의 역사드라마가 펼쳐진 곳이지만, '만사무심
(萬事無心) 일조간(一釣竿)'의 무심한 낚시꾼을 나무랄 수 없는 일이다.

---

1) 민황후 시해사건이 일어난 뒤 고종 임금은 상궁의 가마를 타고 대궐을 탈출하여 러시아 공사
   관으로 피신했는데, 이것이 아관파천(俄館播遷)이다. 일본의 주도로 김홍집내각을 출발시켰
   으나, 고종의 체포령에 따라 김홍집 총리대신 등은 광화문에서 성난 군중에 의해 살해되었다.
2) 이규태,《역사산책》, 신태양사, 1991, 186~189쪽.
3) 그러나 을사조약으로 우리나라 외교권이 일본에 넘어가자 일본은 그들 마음대로 간도를 청
   나라에 넘겨주었다.
4) '수역'은 한글학회가 펴낸《한국지명총람》(경기편)에는 수역(壽域)으로, 용인시에서 펴낸
   《내고장 용인 지명 지지》(201쪽)에는 수역(水域)으로 기록되어 있다.

예산군 충의사와 목바리
역사 속에 목숨 던져 헌신한 윤봉길 의사의 유적

忠義祠

테러리스트이기보다는 국민 계몽사상가였던 윤 의사

처처방초(萋萋芳草)여!

명년(明年)에 춘색(春色)이 이르거든

왕손(王孫)으로 더불어 같이 오세

청청(靑靑)한 방초여!

명년(明年)에 춘색이 이르거든

고려 강산에도 다녀가오.

다정한 방초여!

금년 4월 29일에

방포일성(放砲一聲)으로 맹서하세.[1]

매헌(梅軒) 윤봉길(尹奉吉, 1908~1932) 의사가 쓴 〈홍구공원을 답사하며〉라는 시이다. 위 시에 나오는 4월 29일은 일본의 천장절(天長節)이자 그해(1932년) 중국에 주둔하던 일본군이 전승축하 기념식을 거행하던 날이다.

또 '방포일성'이란 포성 소리 한 방으로 끝을 내겠다는 뜻이니, 거사를 앞둔 사나이의 비장한 기개가 넘쳐난다. 윤 의사는 일제 전승기념 기념식장에서 사전에 김홍일이 폭발 시험까지 마친 수류탄을 단상에 투척하였다. 이에 상해파견군사령관 시라카와, 상해의 일본 거류민단장 가와바다 등이 그 자리에서 폭사하였고 제3함대사령관 노무라 중장, 제9사단장 우에다 중장, 주중공사 등은 중상을 입었다.

'방초'란 향기로운 풀이다. 거사를 완수하기 위하여 홍구공원을 답사하고 내일을 기약할 수 없는 운명과 봄날의 감회를 풀밭에서 읊은, 젊은 윤 의사의 기개가 이 한 편의 시에서 잘 드러나고 있다.

윤 의사가 19세 때의 일이다. 하루는 그가 이웃 마을로 가고 있는데, 한 젊은이가 윤 의사에게 다짜고짜 "글자를 아는가?" 하고 묻더니 안고 있던 공동묘지의 무덤 푯말을 땅에다 쏟아 놓았다. 그리고 말하기를 "우리 아버지는 김선득인데, 이 가운데서 찾아보라"고 하였다.

윤 의사가 김선득의 푯말을 찾아주면서 "이것입니다마는 묘표를 뽑고 나서 표시라도 해놓고 오셨소?" 하고 물었다. 그러자 그 청년은 땅바닥에 털썩 주저앉으면서 "아이구! 이를 어쩌나. 우리 아버지 산소를 아주 잃어버렸네" 하고 통곡하더라는 것이다.

윤 의사는 여기에 큰 충격을 받았다. 무식이야말로 나라를 잃게 만드는 원인이라고 생각하여 이때부터 농촌계몽운동에 나서게 되었다. 한 사람의 무식은 제 아비의 무덤을 잃어버렸으나 온 국민의 무식은 나라를 잃게 한다는 것을 깨달았던 것이다.

윤봉길 의사 동상

나는 농부요, 너는 노동자다. 우리는 똑같이 노동하는 사람이다.

높지도 낮지도 아니하다. 나는 밭을 갈고 너는 쇠를 다룬다.

우리들 세상이 잘 되도록 쉬지 말고 일을 하자. 앞으로 앞으로

더욱 더욱 앞으로.

이것은 윤 의사가 직접 쓴 야학 교재로서 《농민독본》 제1과에 나오는 글이다.

장부가 집을 나가니 살아 돌아오지 않겠다

폭탄을 던져 일제 대륙침략의 원흉들을 폭살함으로써 세계를 놀라게 하고 대한 남아의 기개를 만방에 떨쳤지만, 윤 의사는 테러리스트가 아니라 국민 계몽사상가이며 사회운동가이자 투철한 애국자일 뿐이다. 그가 선택한 방식은 약소국이 정당한 의사 표현을 할 수 있는 자유가 극도로 억압되어, 테러로 그 소신을 드러낼 수밖에 없는 일본 제국주의의 잔혹무비한 식민통치를 반증하는 것이다.

윤봉길 의사의 사당인 충의사(忠義祠)는 충남 예산군 덕산면 시량리에 있으며, 이곳 시량리에 있는 마을 목바리에는 또 옛날 보부상의 발자취를 전해주는 예덕상무사(禮德商務社)라는 사우(祠宇)가 있다. 충의사의 '충의'에 대하여는 따로 설명할 필요가 없을 것이다. 군이 부연 설명을 해야 한다면 첫째, '충(忠)'은 그 자체로서 이미 '의(義)'를 뜻한다. 둘째는 나라를 위한 '충성(忠誠)과 절의(節義)'를 합한 말이다. '충의'라는 단어를 보면 생각나는 명언이 있다.

충의사

　충의로운 귀신은 마땅히 하늘에 오를 것이다.

　설혹 지옥에 떨어진다 한들 어찌 너희들의 도움을 받을까 보냐.

　이 말은 사형장에서 독경하러 온 일본 중을 내쫓아 버렸던 구한말의 의병대장 왕산(旺山) 허위(許蔿)의 무서우리만큼 위엄있는 꾸짖음이다.

　윤 의사는 1930년 "장부가 집을 나가 살아서 돌아오지 않겠다"는 신념에 가득 찬 편지를 남긴 채 만주로 망명하였고, 1931년 다시 활동 무대를 대한민국 임시정부가 있는 상해로 옮기고 백범 김구 선생을 찾아가 나라의 독립에 목숨 바칠 것을 맹세하였다. 거사 직후 현장에서 체포된 윤 의사는 일본군법회의에서 사형을 선고받았다. 그해 11월 18일 오사카 형무소에 수감되었고 12월 19일 총살형으로 순국하였으니, 그때 그의 나이 24세이었다.

매헌 윤봉길.

11세 때 이미 식민지 노예교육을 배격하여 덕산 보통학교를 자퇴하고 야학회를 조직하여 불우한 청소년을 가르쳤으며, 자활의 농촌진흥운동을 이끌었던 윤 의사에게는 계몽사상가라는 표현이 더 어울린다.

이곳 충의사에는 윤봉길 의사의 유품인 지갑과 화폐, 백범 김구 선생과 서로 맞바꾼 회중시계, 도장,《농민독본》등이 보물 제568호로 지정되어 보존되고 있다. 한편 이곳 시량리는 윤봉길 의사 사당과 생가 터, 기념관, 그리고 농촌운동을 펼쳤던 고향 일대를 사적 제229호로 지정하여 살아 있는 국민교육의 현장으로 꾸며 놓았다.

'동무'는 보부상끼리 서로 부르던 호칭

윤 의사의 생가 터가 있는 시량리에서 조량 마을은 따로 '목바리'라고 불린다. 목바리는 보부상들이 활개를 치던 시절에 전국적으로 알아주는 휴식처가 되었던 곳이다. 옛날 사나운 노파가 외상술 값을 받아내고자 이곳에 주막을 세우고 목을 지켰으므로 '목바리'라 부르게 되었다고 하지만,[2] 그보다는 이곳이 덕산 장터의 주요한 길목이었기 때문으로 보아야 하겠다.

더욱이 '목바리'라는 이름은 등짐장수들이 지고 다녔던 지게의 '목발'을 떠올리게 하는데, 이곳에 그들이 지게의 등짐을 지겟작대기로

예덕상무사

받쳐 두고 한잔 술로 거나해지던 바로 그 '목발(목바리)'이 아니었던
가 싶다.

목바리는 그 당시 주막집, 방앗간, 방물장수집, 떡집, 색주가, 과부
집, 대장간 등이 늘어서 있던 번화가이었다. 그래서 지금 이곳에는
국내에서 유일하게 그 당시 보부상의 영혼을 위로하고, 그 유물을 보
관한 예덕상무사(禮德商務社)의 사우(祠宇)가 남아 있는 것이다.

보부상이란 지게에 상품을 짊어지고 장터와 마을을 돌아다니는
부상(負商)과 보자기에 상품을 싸서 이거나 지고 다니는 보상(褓商)
을 합해서 부른 것이며, 알기 쉽게 등짐장수와 봇짐장수를 더하여 일
컫는 것이다.

지금 덕산면사무소 뒤뜰에 있는 예덕상무사의 '예덕'은 예산과 덕
산을 아우르는 보부상의 연합체라는 뜻이다. 이곳에는 역대 보부상
두령(頭領)의 위패를 모셔놓고 있으며, 1970년대까지 '보부상두령'이

라는 명예직이 대를 이어 내려왔다고 한다.

> 얼씨구나 잘한다. 품바하고 입힌다. 작년에 왔던 각설이 죽지도 않고
> 또 왔네. 으흠 이놈이 이래뵈도 정승판서 자제요, 팔도감사 마다하고,
> 돈 한 푼에 팔려서 각설이로만 나섰네. 지리구 지리구 잘한다. 품바
> 품바 잘한다.……밤중 밤중 오밤중 덕산장이 완연하다.

이것이 덕산장에서 흥을 돋우던 〈각설이타령〉이란다.

보부상끼리는 같은 일에 종사한다는 뜻에서 동년배끼리 서로 '동무(同務)'라고 불렀는데 이 말이 오늘날 '동무'의 근원이라고 한다.

예산군 덕산면 윤 의사 사적을 답사하는 길에 옛날 예산과 덕산 지역 보부상들의 애환이 담겨 있는 예덕상무사도 한번 찾아보기를 권하고 싶다.

---

1) 이 시는 서울 서초구 양재동 '시민의 숲'의 윤 의사 추모공원에 있는 시비에도 새겨져 있다.
2) 한글학회, 《한국지명총람 4》(충남편, 하), 1974, 259쪽.

3
땅이름이 내다 본 국도개발

서울 한강대교와 반포대교
자살다리로 이용되어온 한 많은 한강 다리들

漢江大橋 盤浦大橋

우리는 모두 '다리 밑에서 주워온' 존재

추격병에게 쫓기던 주몽은 물고기와 자라의 도움으로 무사히 강을 건너가 졸본부여를 세웠다. 부친의 병을 고치고자 바리공주는 온갖 고난을 겪은 뒤에 강을 건너가 서천 서역국에서 생명수를 얻어 가지고 돌아오는 무속에 나오는 신이다.

이처럼 강은 이쪽과 저쪽을 구분하는 경계선이자 생사의 갈림길로 나타나기도 하는데, 강의 저쪽은 피안(彼岸)이니 곧 저승이 되는 것이며, 강의 이쪽은 차안(此岸) 곧 이승(이 세상)이 되는 것이다. 또 강은 세월과 역사의 증인이 되기도 하며, 강물의 영속적인 흐름은 문학 속에서 삶과 죽음, 존재와 실존의 갈등을 상징하기도 한다.

> 팔월의 강이 손뼉 친다.
> 팔월의 강이 몸부림친다.
> ……
> 강은 어제의 한숨을, 눈물을, 피 흘림을, 죽음 등을 기억한다.

— 박두진, 〈8월의 강〉 가운데서

꼭 8월의 강이 아닐지라도 "강은 설명이 없는 이야기/……/ 강은 해설이 없는 인생"이라고 어느 시인은 갈파하였다. 그러기에 공자도 흐르는 강물을 보면서 "물이여, 물이여" 하고 '천상지탄(川上之嘆)'을 토로한 것이다.

> 가는 것이 이와 같구나. 밤낮을 쉬지 않는구나.
>
> 逝者如斯夫 不舍晝夜
>
> — 공자, 〈논어〉

그 강물 위에 사람들은 다리를 놓는다. 물론 강을 안전하게 건너고자 함이다. 여기서 다리는 사람들을 건너게 함으로써 단절을 극복하고 소통과 연결을 이루는 구실을 한다. 또 다리[橋]는 다리[脚]와 통한다. 그전에 정월 대보름날 밤에 다리[橋]를 밟으면 다리[脚]에 병이 생기지 않는다 하여 여러 지방에서 다리밟기가 성행하였다. 이때 다리[橋]를 열두 번 왕복함으로써 한 해(열두 달)의 무병을 기원하였던 것이다. 이것은 다리[橋]와 다리[脚]가 발음이 같으므로, 그 연상에 바탕을 둔 언어적 주술심리에서 말미암은 것으로 보인다. 또 아이의 출생에 대하여 우스갯소리로 "다리 밑에서 주워 왔다"고 말하는 것도 다리[橋]와 다리[脚]가 발음이 같기 때문에 나온 말로 볼 수 있지만, 따지고 보면 모든 사람은 결국 '다리 밑에서(가랑이 사이에서) 주워

온' 존재라는 생각이 든다.

6·25 사변 때 많은 사람들이 죽은 한강대교

그런데 어떤 다리가 죽기 위한 다리, 자살을 위한 다리, 죽음의 다리로 사용되었다면 그 다리는 참으로 엉뚱하게 쓰이고 있는 것이다. 그 다리가 바로 수도 서울의 한강 위에 놓인 한강대교와 반포대교이다.

서울 한강 위에는 모두 27개의 다리(한강 하류 김포대교에서 상류의 강동대교까지, 철교 포함)가 있다. 그 가운데 한강에 투신하여 자살하는 장소로 가장 많이 이용되었던 다리가 바로 한강대교인데 2004년 이후부터는 한강대교의 '자살다리' 임무를 그 상류에 있는 반포대교에 넘겨준 것 같다.

한강대교는 동작구 노량진 본동과 용산구 이촌동의 옛날 새남터 일대를 연결하는 다리로서, 한강의 중간에 있는 노들섬(중지도라고 불렸던 곳)을 통과하는 다리이기도 하다.

한강에 처음 놓인 다리는 1900년 7월 5일 개통된 한강철교이며, 한강대교는 한동안 '한강인도교', '제1한강교', 또는 난간이 쇠로 만들어졌다고 하여 '한강철교'[1] 등으로 불렸다. 또한 한강 위에 사람과 차량이 다니는 다리로서도 1917년 10월에 개통된 최초의 다리이다. 그러나 일제 때부터 난간 위에 올라가 한강에 투신자살하는 사람이 속출하여 당국에서 애를 먹었던 다리이기도 하다.

세상의 무정과 사회의 학대를 이기지 못하야 필경은 모든 것을 저주하고 한강인도교에 가서 물에 빠져 죽는 사람이 금년에도 수십 인에 달하였다. 당국에서는 작년부터 그 자살을 예방하려고 여러 가지로 방법을 연구하다가 '잠간 기다리시오'하는 팻말까지 세웠으나 그 효과가 없었다.……

─《동아일보》, 1923. 8. 18일자 기사

투신 자살자가 늘어나자 당국에서는 이를 방지하기 위하여 다리 난간에 전등을 더 많이 설치하고 "잠간 기다리시오"라는 팻말을 세우는가 하면, 철망을 친다거나 망보는 사람을 늘리는 계획까지 세웠다는 기사 내용도 보인다. 한강대교(당시는 한강인도교라 함)의 수난은 이뿐만 아니라 6·25 사변을 맞으면서 수많은 사람들의 희생으로 이어지게 된다.

1950년 6·25가 발발하고, 6월 28일 새벽 3시쯤에는 수도 중심부까지 북한군 탱크가 등장하여, 예정 시각보다 빨리 다리를 폭파하게 되었다. 이로 말미암아 수많은 사람과 차량들이 이 다리를 지나 한강을 건너려다 강물로 떨어져 죽었다.[2]

이 다리는 그 뒤 1981년 12월 2차로 개통되어 쌍둥이 다리가 되었으며, 폭 36.8미터 길이 1천 5미터의 8차선 다리이자 한강 상류의 강동대교로부터 열다섯 번째 교량이 되었다.

3년 동안 349건의 자살 소동이 일어난 '한강(恨江)대교'
그러나 이 다리는 아직도 '한 많은 한강 다리'로 통하고 있다.[3] 한강 다리 가운데서도 가장 자살 소동이 많이 일어나는 다리로서 그 이름을 날리고 있기 때문이다. 2000년부터 2002년까지 3년 동안 이 다리에서 일어난 자살소동은 모두 349건으로서 거의 3일에 한 번 꼴인 것으로 보도되었다. 말하자면 '한(恨) 많은 대동강……'이 아니라 '한(恨) 많은 한강'인 것이다.

수많은 한강 다리 가운데서 이 다리의 자살 소동이 유달리 많은 것은 첫째 다리 위에 높이 10미터의 아치 24개가 설치되어 있어서 올라가 뛰어내리고 싶은 충동을 일으킬 수 있다는 점, 둘째는 노들섬에서 이 다리 위로 직접 이어지는 계단이 있어서 접근하기 좋다는 점, 셋째는 교통량이 많아서 다른 운전자들의 관심을 끌기가 쉽다는 점 등으로 분석하였다(119 한강구조대의 분석).

얼마나 자살 소동이 잦았는지 1995년도부터는 다리 난간의 아치 위에 기름판을 설치하여 올라가는 것을 막으려고 하였으나 별 성과를 거두지 못하였다고 한다. 그러자 2000년에는 서울특별시 안전관리본부에서 아치에 볼베어링판을 설치하였다.[4] 이것은 사람이 아치에 올라설 경우 균형을 잡기 어렵도록 만든 것인데, 이것도 완벽 방어에는 성공하지 못했다고 한다.

근래 이 다리 위에서 자살 소동을 벌이는 빈도가 훨씬 줄어들게 되었는데, 그 까닭은 고층아파트에서 직접 뛰어내리는 끔찍한 자살 방식이 크게 늘어났기 때문이라고 한다. 그 대신 한강대교에서는 변심한 애인을 찾아내라든지, 밀린 노임을 지불하라든지, 빌려간 돈을 갚으라는 등등의 자살 소동이 잇달아서 옛날처럼 가슴을 후벼내는 그

한강대교

런 절절한 느낌은 덜하다고 한다.

소크라테스가 말하기를 "인간은 자기의 감옥의 문을 두드릴 권리가 없는 수인(囚人)이다. …… 인간은 신이 소환할 때까지 기다려야 하며, 스스로 생명을 빼앗아가서는 안 된다"고 자살을 반대하였다. 이와 달리 세네카는 "자기에게 자살 명령을 내렸을 뿐만 아니라, 그 수단을 발견해 낸 인간은 참으로 위대하다고 해야 할 것이다"라고 자살 옹호론을 펼치고 있다.

조선왕조의 사형장인 노량진 새남터와 가까운 한강대교

사람에겐 두 개의 자기가 있다. 있어야 할 자기(Sollen)와 현재 있는

자기(Sein)가 그것이다. 이 졸렌과 자인 사이에 일정 이상의 거리가
생길 때 자살이 발생한다. …… 관념적인 자기를 증거하기 위하여 현
실의 분열 상태에 있는 자기를 말살해 버리는 행위라고 할 수 있다.

김광림의 《예술가의 자살》에 나오는 말이다.

삶에서 죽음이란 어떤 의미가 있는 것일까. 자신이 짊어진 모든
죄악의 면죄부, 살아 있는 자들과 맺은 모든 약속의 해제, 육신에 대
한 모든 봉사로부터의 해방, 한 육체가 지닌 모든 중량의 하역(땅으로
의 회귀), 인간적인 예의와 체면의 해방구…… 열거하다 보면 끝이 없
을 것 같다.

이 한강대교의 북단은 조선시대 서울의 사형터로 널리 알려진 '노
량진 새남터'와 가깝다. 그때의 사형터 자리에는 지금 '새남터 순교
성지 기념성당'이 세워져 있다. 이곳은 본래 '노들' 또는 '새남터'라 불
렸고 '사남기(沙南基)'라고도 일컬어졌는데, 평소에는 군사들의 연무
장으로 사용되었고 때로는 국사범을 비롯한 중죄인을 처형하던 곳
으로 이용되었다.

'새남'이란 이름을 얻은 것은 원래 죽은 사람의 혼령을 천도시키는
굿인 '지노귀(진오귀)새남'을 하던 터이기 때문이라고 한다. 이곳은
1801년의 신유박해(중국인 신부 주문모 등의 처형), 그 후 김대건 신부
의 처형, 1839년의 기해박해, 1846년의 병오박해, 1866년의 병인박
해 등으로 외국인 신부들과 수천 명의 천주교 신자들이 피를 뿌리며
목이 잘렸던 역사의 현장이라고 할 수 있다.[5]

한강대교가 일제 때부터 지금까지 자살의 장소로 널리 이용되었던 것은 이 일대가 지닌 역사의 상처로 말미암아 '한강(恨江)'으로 풀이되기 때문인 것일까. 연결의 상징이 되는 다리가 '자살의 다리'로 회자되면서 '단절의 다리' 또는 '돌아오지 않는 다리'로 새겨지는 것도 기막힌 인연으로 볼 수 있을 것이다.

새로운 자살다리 반포대교

어쨌든 사형장으로 쓰였던 새남터의 역사, 6·25 사변과 한강인도교 폭파의 비극, 이런 상처들이 한강대교의 이름 속에서 묻어 나오기에 오늘날 자살다리로 이어지는 것은 아닌지 모를 일이다.

그러나 요즘 한강대교에 이어서 새롭게 각광받고(?) 있는 자살다리로 반포대교가 있다. 반포대교는 용산구 서빙고동과 강 건너 남쪽 서초구 반포동을 잇는 2층 다리로 그 다리의 길이는 1층이 795미터 2층은 1천 490미터이며, 1층은 1976년 2층은 1982년에 개통되었는데, 1층 다리가 보통 잠수교라고 불리며 이 다리 밑으로 선박이 지나갈 수 있다. 반포대교의 이름은 서초구 반포동에서 따온 것이며, 이 다리를 건너면 곧장 강남의 반포로로 이어진다.

이곳은 그전에 '서릿개'라고 불리던 한강가의 마을이었다. 마을 앞을 한강이 서리서리 구비쳐 흐른다 하여 '서릿개'라 하였고, 이것을 한자로 쓴 것이 '반포(盤浦)'이다.[6]

그런데 2004년 상반기에 들어서면서 이 다리 위에서 뛰어내려 자살하는 사람들이 4명이나 되었고, 이들 모두가 매스컴에 그 이름이 알려진 인물들이어서 세간의 관심을 모았다. 2004년 3월 11일에는 대우건설 남상국 사장이, 4월 29일에는 박태영 전라남도 도지사가, 6월 4일에는 이준원 파주시장이, 6월 13일에는 불량만두 제조업체로 알려진 식품업체의 사장이 반포대교에서 투신자살하였다.

왜 반포대교가 자살다리로 새롭게 부각된 것일까?

'남쪽 청계산 기슭에 화장터인 추모공원이 들어서기 때문'이라는 설, '한강에 먼저 빠져 죽은 귀신이 사람을 잡아당기므로 천도제와 용신제를 지내야 한다'는 설(역술인) 등 말들이 많다. 그런데 또 하나 흥미로운 의견이 제시되었다. 이 다리를 남쪽으로 건너면 반포로의 양쪽에 서울 지방검찰청, 서울 고등검찰청, 대검찰청과 각급 법원이 줄지어 서있기 때문이라는 것이다. 어떤 사건 때문에 혐의를 받은 피의자들이 심리적인 혼란과 사회적인 압박감에 짓눌려 이 다리를 건너가다가 갑자기 자살하고 싶은 충동이 생길 수 있다는 것이다.

유유히 흐르는 한강에 육신을 던지고, 자기 삶의 한과 슬픔과 원망을 모두 강물에 흘려보내고, 세상의 모진 비판과 혹독한 평가와 짊어진 부채와 가족에 대한 사랑과 의무…… 이런 모든 것을 내팽개치는 자살자들의 처연한 심정을 다른 사람이 얼마나 이해할 수 있으랴.

그러나 '다리 밑에서 주워 온 존재'인 우리가 다리 위에서 생명을 거부하는 것은 너무도 아이러니컬하다. 죽음은 모든 생명체에게 거부할 수 없는 자연 질서의 한 과정이다. 죽음이 언제 어디서 우리에게 엄습할지 아는 사람은 아무도 없다. 그러기에 죽음을 기다리는 법, 죽음을 맞이하는 법, 품위 있게 죽는 법을 배워야 하며, 그것이야말로 자살을 막는 최상의 방법이 될 수 있지 않을까 한다.

1) 정재정 외,《서울 근현대 역사기행》, 혜안, 1998, 238쪽.

2) 6·25사변 당시 폭파된 한강대교는 1958년 5월 15일에 복구·개통되었다.

3) 〈한 많은 한강다리〉,《문화일보》, 2002. 2. 15일자.

4) 아치 위에 폭 90센티미터, 길이 2미터의 개당 800만 원짜리 볼베어링판 24개를 설치하였
   다고 한다.

5) 새남터 순교성지 기념성당 앞에 세워진 안내문.

6) '반포(盤浦)'는 원래 '반포(蟠浦)'로 썼다. '蟠'은 '서릴 반'자인데, '반(盤)'자도 마찬가지로
   '서리다'와 '강물이 소용돌이 친다'는 뜻이 있으므로 그 의미가 같다[한글학회,《한국지명총
   람》(서울편), 1966, 164쪽].

새만금 방조제와 여러 따이름
그 이름처럼 비상하는 새[鳥]만금이요, 국부 축적의 새 땅

세계 최장의 방조제, 1억 2천만 평의 국토 확장

금은 녹슬지 않는 불변의 금속으로서 영원·영생을 상징하기도 하고, 또 그 찬란하게 빛나는 색깔 때문에 태양이 금알로 인식되기도 하였다. 이를테면 신라 초기 김씨의 시조인 김알지는 황금 궤에서 탄생하였고, 김수로왕을 비롯한 6가야의 시조는 금합 속의 황금알에서 나왔는데 이것은 그들이 천손(天孫), 즉 하늘의 자손임을 강조하는 것이다.

말하자면 금은 귀하고 완전한 것 또는 순수하고 빛나는 것의 대명사가 되어 돈과 부와 권력을 나타내기도 하였으며, 많을수록 좋은 것이기에 많은 양의 금을 가리켜 천금(千金), 만금(萬金), 나아가서는 천만금(千萬金)이니, 억만금(億萬金)이라는 말까지 생겨났다.

금생여수(金生麗水)라 한들 물마다 금이 나며,
옥출곤강(玉出崑崗)이라 한들 뫼마다 옥이 날소냐.
아무리 사랑이 중타 한들 임임마다 좇으랴.

사육신의 한 사람인 박팽년의 시조로서 충신불사이군(忠臣不事二君)을 노래한 것이다. 금이나 옥을 임금에 비유한 것이지만, 마치 경주 금관총의 신라 금관에서 왕권의 신성과 권위를 느끼는 것처럼 금은 저항할 수 없는 절대적 권력과도 통하는 바가 있다.

장황하게 금에 관한 이야기를 꺼낸 것은 천만금, 억만금과도 비교할 수 없는 '새만금'을 말하기 위해서이다. 새만금이야말로 화폐로 계산할 수 없는 광활한 갯벌을 포기함으로써 얻어진 새 땅으로 전라북도 도민의 소득 증대와 농지 확장, 나아가서는 이 나라 관광레저 산업단지 조성, 미래형 신산업용지 확보 등, 이 땅에 새 이름이 눈금처럼 새겨지게 될 것이기 때문이다.

짧게 '새만금 방조제'로 불리는 새만금 간척지 종합개발사업의 과정을 한번 살펴보자. 이 사업은 노태우 정권에서 시작되고, 김영삼 — 김대중 — 노무현 정권에 이어 2008년 2월 25일 취임한 이명박 대통령까지 다섯 정권이 이어받듯이 추진하고 있으니, 분명 건국 이래 최대의 논란과 이슈를 안고 있는 사업임에 틀림없다.

노태우 정권 당시인 1991년 11월 28일에 처음 방조제 공사를 착공하고, 노무현 정권 때인 2006년 4월 21일 마지막 방조제 물막이 공사를 마침으로써, 총 33킬로미터 세계 최대 길이의 방조제를 15년여 만에 완성한 것이다. 지금은 방조제 공사가 완공되고 방조제 위로 확트인 바다를 바라보며 달릴 수 있는 33킬로미터의 방조제 도로가 개통되었고, 전국에서 몰려든 관광버스와 승용차 행렬이 평일에도 줄을 잇고 있다. 관리소 측은 2011년까지는 방조제 안쪽 내부 개발공사도 마무리 짓겠다고 한다.

새만금 방조제.

전라북도 군산시, 김제시, 부안군을 아우르는 이 해안은 세계 5대 갯벌 가운데 하나로 꼽는 천혜의 바다이다. 이 갯벌에 한국농촌공사에서 3조 6천여 억 원을 투입하여 방조제(바다에 제방을 쌓아 밀물과 썰물의 흐름을 막는 시설)를 쌓고, 간척지 1억 2천만 평(서울 여의도 면적의 140배)을 조성하고 약 10억 톤의 물을 가둘 수 있는 담수호를 조성하는 것이 이 사업의 핵심이다.

그러나 이 방조제는 물막이 공사가 끝나게 된 2006년 4월 21일까지 착공 후 15년여 동안 참으로 많은 우여곡절과 파란만장한 진통을 거치면서 이루어진 역사(役事, 歷史)이기에 이를 바라보는 국민들의 시선도 예사롭지 않고 또 그만큼 각별한 관심을 받고 있다.

한눈에 보아도 날아오르는 새 형상

이 사업은 2001년 정부의 새만금 개발계획에 대한 민간단체의 사업취소 헌법소원과 뒤이은 행정소송, 또 2003년 환경·종교·시민 단체 등의 삼보(三步) 일배(一拜) 고행을 통한 새만금 사업 저지투쟁과 부정적 여론의 확산, 방조제 공사 집행정지 가처분 신청 등등 한마디로 바람 잘 날이 없었다.

이러한 방조제 건설 반대 움직임에 맞서서 새만금 개발에 기대를 걸고 있던 전북지역 주민들이 새만금 사업의 지속적 추진을 위해 궐기대회, 삭발투쟁 등으로 맞대응함으로써 찬성과 반대를 둘러싼 사

새만금 방조제 건설을 반대하는 집회의 모습

회적 갈등이 커졌고, 아직도 그 여파가 가라앉지 않고 있다.

> 아아! 분하도다! 우리 새만금! 자신의 삶터를 파괴하는 국민들! 살았
> 는가, 죽었는가! 단군 역사 생명의 땅이 하룻밤 사이에 졸연히 멸망하
> 고 말 것인가! 원통하고 원통하다. 새만금, 새만금! ……[2]

이는 위암 장지연 선생의 〈시일야방성대곡〉의 논조를 모방하여 인터넷에 올린 한 환경단체 소속의 누리꾼이 쓴 글이다.

여기서 거슬러 올라가 다시 '새만금'이라는 이름부터 살펴보자.

사람들은 대개 새만금의 '새'를 새로움[新]의 뜻으로 알고 있는데, 그것은 잘못 알려진 것이다. 여기서 새는 날아다니는 새[鳥]를 말하는데, 이 '새'를 설명하기 전에 먼저 '만금'의 유래부터 짚고 넘어가야 한다.

이 방조제 안쪽 내륙은 유명한 김제 만경평야(약칭 금만평야)이다. 그것을 이 지역 사람들은 '징게맹경 외애밋들'이라고 부른다. 여기서 '징게맹경'은 '김제만경'을 말함이요, '외애밋들'은 너른 들 곧 '평야'를 말하는 이곳 사투리이다.

그런데 그 '김제 만경'의 머리글자가 새만금에서는 '만경 김제'의 순서로 바뀐 것을 눈치 챌 수 있을 것이다. 왜 순서가 바뀌게 되었을까? 그것은 이 지역이 만경강 유역의 만경평야와 동진강 유역의 김제평야를 위(북)에서부터 차례로 붙였거나, 만경강의 수량(水量)이 동진강보다 훨씬 많은 점 등이 고려된 것으로 보인다. 또한 '금만'보다는 '만금'이라는 단어가 부르고 쓰기 훨씬 편하다는 이유도 있다.

원래 '만경(萬頃)'은 통일신라 때인 경덕왕 16년(757)에 백제의 두내산현을 고친 이름이니, 1200년을 넘게 불러 온 이름이다. 만경의 1경(頃)은 대략 5천 평쯤을 말하는 땅의 넓이로, '만경'은 5000만 평의 넓은 땅, 놀랍게 끝없이 넓은 땅이나 수면을 나타낸다. 한편 '김제(金堤)'도 경덕왕 때 백제의 벽골군(碧骨郡, 볏골군 : 벼의 고장을 뜻함)을 고친 이름으로서 누런 곡식이 황금물결 치는 둑(벽골제)을 의미하는데, 새만금의 '만금'은 바로 만경과 김제 두 고을 이름의 머리글자를 합한 것이다.

그런데 새만금의 앞에 붙은 '새'의 내력이 재미있다.

1987년 11월 2일 정부의 관계장관 회의에서 서해안 간척사업 추진 문제를 논의할 때 이곳 명칭을 '새만금 간척사업'으로 결정하였다. 그 까닭은 도면에서 보는 바와 같이 방조제와 그 내륙의 만경강·동진강을

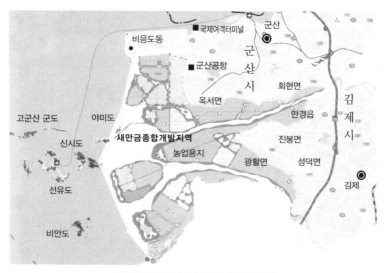

서쪽을 향해 날아가는 새 모양의 새만금 방조제

합하면 마치 서쪽을 향하여 날아가는 커다란 새처럼 보이기 때문이다.

즉 지형상 만경강과 동진강 하구가 새의 꼬리가 되고, 방조제의 서쪽 끝 모서리가 되는 고군산 군도의 신시도를 연결하면 남북의 방조제는 날개, 신시도는 새의 머리 부분이 되기 때문이다. 그리하여 '새만금'이라는 이름이 붙었고,[3] 여기에 만경·김제 평야의 옥토를 새롭게 일구어 낸다는 의미를 추가하게 되었으니, 이 새(방조제)야말로 황해를 건너 중국으로 세계로 날아가는 웅비(雄飛)의 새, 하늘로 비상하는 도약의 상징적 의미 또한 지니게 된 것이다.

'날아가는 새' 모양의 두 섬과 쫓겨나는 철새들

새만금 방조제는 무엇보다 새와 인연이 깊다. 이 방조제의 북쪽

기점은 군산시 비응도동(飛鷹島洞)이다. 비응도는 섬의 지형이 매[鷹]가 날아가는[飛] 형국이므로 붙여진 이름이라고 하며, 지금은 육지와 이어져 항구가 된 곳이다.

또 새만금 방조제의 남서쪽에는 군산시 옥도면에 속한 비안도(飛雁島)가 자리잡고 있다. 이 섬은 새만금 방조제 가운데서 남쪽 1호 방조제의 바깥쪽(서쪽)에 있는데, 이곳도 역시 풍수지리상 기러기[雁]가 날아가는[飛] 모습이므로 비안도(飛雁島)라 부르게 되었다고 한다.[4]

앞에서 말했듯이 새만금 방조제의 전체적 구도가 마치 서쪽을 향해 날아가는 새의 모습인데, 그 '날아가는 새'를 증명하려는 듯이 방조제의 남북에 비안도와 비응도가 자리잡고 있음이 경이로울 따름이다. 그러나 그 새만금의 '새' 탓일까? 바로 이 갯벌을 찾아오는 수많은 철새들이 갈 곳을 잃은 채 쫓겨나고 있다.

후조(候鳥)기에 애착이란 금물이었고
그러기에 감상의 속성은 벌써 잊었어라.
……
높이 날음은 자랑이 아니어라.
날아야 할 날에 날아야 함이어라.

달도
별도 온갖 꽃송이는
나를 위함이 아니어라.

날이 오면 날아야 할 후조이기에

......

　　　　　　　— 조병화, 〈후조〉 가운데서

　이 시처럼 후조(철새)는 "날아야 할 날에 날아"가는 것이 숙명이다. 철새는 그 날이 오면 날아야 하는 것이다. 그러나 새만금 갯벌에 철 따라 구름처럼 내려앉았던 도요새, 물떼새 등의 무리는 거의 사라졌고, 요즈음은 겨울 기러기만 조금씩 볼 수 있단다. 갯벌이 6~7킬로미터씩 멀어지면서 철새들의 먹이도 사라졌기 때문이다.

　새 형상의 새만금 방조제.

　비응도의 매가 날아오르고 비안도의 기러기가 날아가듯이 새만금 갯벌의 철새들도 날아갔다. 몇만 리 하늘을 날아온 후조이기에 다시 돌아오기 위하여 날아가야 하지만, 다시 올 수 없는 곳이기에 날아가 버린 것이다. 날개 길이 33킬로미터의 이 거대한 인공 새로 말미암아 수많은 작은 철새들이 쫓겨나고, 사라지게 된 것이다.

　이 새만금의 '새'를 이야기하다 보면 빼놓을 수 없는 곳이 바로 고군산(古群山) 군도에 속한 군산시 옥도면의 신시도(新侍島)인데, 이 섬은 바로 새만금 방조제의 서쪽 돌출부이자 '새'의 머리 부분을 이루는 곳이다.

　유명한 선유도(仙遊島)를 포함하여 이곳 '고군산 군도'는 지금 '군산(群山)'이라는 이름이 처음 붙여졌던 모체요, 그 출발점이 되는 곳이다. 신시도는 고군산 군도에서 가장 넓은 섬이며 현지에서는 '지풍금', '짚은금', '심리(深里)'라고도 불린다.

《고려사》에 '군산도(群山島)'라는 이름으로 나오는 고군산 군도의 '군산(群山)'은 우리말의 '무리 섬' 곧 바다 위에 새떼처럼 무리지어 있는 여러 섬이라는 뜻이며, 그 당시는 서해안의 군사적 요충지로서 중요시되었던 곳이다. 그런데 이제 다시 새만금 방조제로 전국적인 명소이자 중국에 대응하는 동아시아의 전략적 요충지로서 세계인들의 주목을 받게 된 것이다.

이 고군산 군도에서도 특히 '신시도(新侍島)'라는 이름을 보았을 때 맨 먼저 떠오른 것이 《삼국유사》 고조선조에 나오는 '신시(神市)'였다. 하늘을 다스리는 천제의 아들 환웅이 무리 3천 명을 이끌고 태백산 신단수 아래로 내려와 처음 세상을 다스리는 곳으로 삼았던 곳이 바로 '신시'이기 때문이다.[5]

방조제 '새롭게 모시는' 신시도와 대각산

이곳 신시도의 '시(侍)'는 시녀라는 말처럼 모시고[陪, 側] 따른다[從]는 뜻이다. 원래 조정의 관청[寺]에서 일하는 관리[人]가 상관의 명을 받들게 되어 있으므로 '시(侍)'자는 '모시다'는 뜻이 되었다.[6] 이 글자의 뜻대로 신시도는 정부의 새만금 방조제를 받들어 모시는 섬, 방조제가 중간에 쉬어가는 섬, 바로 그 방조제에 딸린 섬으로 운명이 결정되었다.

신시도는 방조제를 통하여 갯벌 위에 새 역사를 쓰게 되었으니, 단군 역사 속의 신시(神市)와 통하는 바가 있다. 또 새 땅의 역사가 시작되는 신시(新始)이며, 방조제를 새롭게[新] 모시는[侍] 신시(新侍)가 되어 제 역할을 자리매김하게 되었다. 또 단군 역사 속의 신시(神市)가 하늘의 뜻에 따른 백성들의 물물교환 장소(저자거리)였다면, 신시도 바로 남쪽에 들어서는 신시갑문(新侍閘門)은 바닷물과 민물(만경강과 동진강의 물)이 흐르는 장소가 될 것이다.

한편 신시도를 이야기할 때 빼놓을 수 없는 곳이 월영봉(月影峰)과 대각산(大角山)이다. 높이 141.5미터의 월영봉은 신라 말기에 당나라에 가서 문명(文名)을 떨치고 돌아온 고운(孤雲) 최치원(崔致遠)이 머물면서 달을 즐겼던 곳이다. 월영대 또는 월영봉이란 이름은 그로 말미암아 생긴 이름이라고 하며 '월영봉 단풍'은 선유 8경 가운데 하나로 꼽힌다.

군산 지방에는 최고운의 발자취나 그의 출생과 관련하여 여러 설화가 전해지고 있는데, 이를테면 옥구읍 상평리에 있는 자천대와 옥구읍 선연리의 '최고운 설화', 내초도의 '금돼지굴 전설' 등이 남아 있어서 흥미롭다.[7] 그러나 그보다도 더욱 관심을 끄는 대목은 이곳 월영봉 부근에 설치될 것으로 보도된 전망대이다. 이 전망대는 황해와 새만금 방조제 일대를 모두 조망할 수 있는 거대한 시설이자 획기적인 관광자원이 될 것이라고 하여 많은 사람들을 기대에 부풀게 하고 있다.

한편 신시도에서 가장 높은 187.3미터의 대각산도 새만금 방조제로 그 의미가 뚜렷해지고 있다. 부안과 군산을 직선으로 이어야 하는 새만금 방조제가 이곳 신시도를 지나면서 140도쯤 크게 각(角)을 이루게 된다. 그러니 대각산이라는 이름이 딱 맞아 떨어지는 것이다.

방조제는 제 의지만으로 군산 앞바다를 향하여 직선으로 무작정 달릴 수 없다. 세상만사 각이 지거나, 돌기하거나, 곶을 이루거나, 구부러지는 이 같은 현상에는 그에 합당한 어떤 깨달음, 어떤 힘이 더불어 따라야 하기 때문이다. 말하자면 방조제는 이 신시도 때문에 직선을 포기하게 되었고, 신시도의 대각산에 따라 각을 이루게 되었으니, 그 모든 것을 '대각산'의 각(角)으로 풀이해도 될 것이다.

고군산 군도에서 또 하나 눈여겨보아야 할 섬이 바로 군산시 옥도면에 속한 야미도(夜味島)이다. 이 섬은 신시도에서 군산 방향으로 그리 멀지 않은 두 개의 섬으로서 방조제가 지나는 섬이다. 이 섬의 이름 '야미'는 우리말 논배미의 '배미'를 적기 위한 이두식 표기이다.[8] 여기서 야미의 '야(夜)'는 배미의 '밤'을 적기 위한 훈차자(訓借字)이고, '미(味)'는 논배미의 '미'를 적기 위한 음차자(音借字)라고 할 수 있다.

그런데 한국농촌공사가 새만금 방조제를 축조하게 된 첫 번째 목적이 바로 바다를 막아 많은 농지를 확보하기 위함이었다. 그러니 야미도 즉 배미섬의 논배미는 바로 새만금 방조제 안에 새로 생겨날 수많은 논배미, 상전벽해(桑田碧海)의 대변화를 예고하고 있었던 것 같기도 하다.

마지막으로 소개할 곳은 부안군 변산면 대항리(大項里)이다. 이곳은 새만금 방조제가 육지와 이어지는 남쪽 끝 부분이 되며, 새만금 사업 홍보전시장이 설치되어 있다. 조선시대에는 부안 고을과 수군 기지인 격포진(鎭)으로 가는 큰 길목이 되어 '한목' 또는 '큰목', '대항리'라고 불렸다. 그런데 이제는 새만금 방조제 때문에 북쪽으로 쭉

뻗은 33킬로미터의 해상도로로 들어가는 길목, 바로 관광 요충지로서 '큰 목' 즉 대항리가 되었으니, 명불허전(名不虛傳)이라는 옛말이 꼭 들어맞는다.

2007년 12월 22일 정부는 새만금 방조제에 따른 서해안 간척사업 지역과 군산지역을 묶어서 경제자유구역으로 추가 선정하였다. 이제 새만금 방조제는 건설에 관한 찬반논란이 아니라, 이 사업을 어떻게 친환경적으로 마무리하느냐에 초점을 맞추어야 한다.

새만금 사업의 남은 과제

새만금 사업은 금이 왕권을 상징하듯이 수많은 반대 논리에도 공권력이 뒷받침되어 이제 사실상 본 공사가 마무리되었으며, 2007년 하반기부터는 2호 방조제의 상부를 폭 110미터 높이 36미터로 다지는 보강 공정이 진행되고 있다. 사라져 가는 갯벌의 가치를 모르는 것은 아니지만, 이제는 과거 시화호처럼 되지 않도록 만경강과 동진강의 담수호 수질오염을 방지하는 등 남은 문제 해결과 함께 적극적인 해외 자본의 유치, 그리고 확보 용지의 적정한 산업 배치 등에 온 힘을 집중해야 할 때이다.

산을 깎고 돌을 깨서 바다를 막아 조성된 저 거대한 33킬로미터의 제방과 그 안에 갇힌 갯벌, 건국 이래 최대의 국토 확장 프로젝트라는 새만금 사업에서 우리는 과연 무엇을 얻고 무엇을 잃게 될 것인가. 또 이 사업이 역사의 오점으로 인류의 어리석은 지혜로 또는 환경 재앙으로 남을 것인지, 아니면 미래를 위한 획기적인 개발사업으로 평가될 것인지는 오늘 우리의 노력에 따라서 결정될 것이다. 그리고 그 심판은 후대에 맡길 수밖에 없다.

　이 글의 앞머리에서 "금생여수(金生麗水)라 한들 물마다 금이 나며……"라는 박팽년의 시조를 인용한 바 있다. 이 사업의 성패는 바로 그 '금생여수(金生麗水)' 곧 '맑고 깨끗한 물이라야 금이 난다'는 그 말 속에 함축되어 있다고 본다. '만금'이건 '천만금'이건 방조제 안의 담수호 오염문제(특히 만경강 하류)와 환경문제가 해결되어야 새만금 사업이 국부(國富)를 축적하는 새 땅으로 도약할 수 있기 때문이다.

---

1) 바로 이 넓은 갯벌 때문에 김제군의 바닷가에 광활면[廣活面, 광활(廣闊)과는 다소 차이가 있음]이라는 행정구역 이름이 있다.

2) 〈새만금 시일야 방성대곡〉, 인터넷 미디어 다음 뉴스, 2006. 4. 24일자.

3) 《자치행정》 5월호, 속표지 해설문, 2006.

4) 한글학회, 《한국지명총람 12》(전북편, 하), 1988, 30~31쪽.

5) 일연, 《삼국유사》 권 1, 기이 1, 고조선조, 이동환 옮김, 도서출판 장락, 2000.

6) 이돈주, 《한자학총론》, 박영사, 2000, 323쪽.

7) 군산 지방의 옥산면 당북리 염의서원, 옥구읍 상평리 옥산서원 등은 모두 최치원을 모시고 있다.

8) '야미도'의 유래를 한글학회 《한국지명총람》(전북편)에는 밤나무가 많아서 붙여진 이름으로 풀이하였으나 현지에서는 이를 확인할 수 없었다. 이보다 섬인데 귀한 논배미가 있어서 붙여진 이름으로 보아야 할 것이다.

대전시 식장산

'식장산하 만인가활지지'라는 옛말대로 대도시가 된 곳

食藏山

왕이 군사를 출동시켜 부여를 치러 가다가 비류수 옆에 이르러 물가를 바라보니, 마치 어떤 여인이 솥을 들고 노는 것 같아 그리로 가보았으나 여인은 없고 솥만 있었다. 그 솥에 밥을 짓게 하였다. 불을 때기 전에 솥에서 저절로 열이 났으므로 금세 밥을 지어 전체 군사들을 배불리 먹일 수 있었다.

《삼국사기》 고구려본기 2편에 나오는 대무신왕 때 이야기이다.[1]

이 내용과 비슷한 이야기가 전해지는 곳이 대전광역시 동구에 있는 높이 623.6미터의 식장산(食藏山)이다.

식장산은 대전에서 가장 높은 산으로서 식기산(食器山)이라고도 한다. 대전광역시 동구 세천동·산내동 등과 충청북도 옥천군 군서면·군북면과 경계를 이루고, 이 산에 오르면 대둔산·계룡산·서대산 등을 마주대할 수 있다.

백제 동성왕 때 산에 성을 쌓고 군량미를 감추어 두었기 때문에 '식장산(食藏山)'이라 부른다 하고, 이외에도 먹을 것이 쏟아지는 그

밥솥이 감춰진 산, 식장산

릇을 묻어 두어서 '식기산(食器山)'이라 부른다든지 밥을 짓는 솥을
묻어서 '식정산(食鼎山)'이라 하였다는 이야기가 전해지고 있다.

옛날 식장산 아래 혼자 살던 마음씨 착한 농부가 산속에서 옹기솥
을 주워 집으로 가지고 돌아왔다. 이 솥에 밥을 지어 보니, 한 사람
먹을 쌀만 넣었는데 솥에 밥이 가득 차므로 농사 걱정을 하지 않게
되었다.

시간이 흘러 두 아들이 성장하자 이 옹기솥을 서로 차지하겠다고
다투었다. 농부는 그 솥을 다시 식장산에 숨겨 놓고 먼저 찾는 사람
이 솥을 가지게 하였는데, 자식들이 욕심을 부린 탓에 그 옹기솥이
영영 나타나지 않았다고 한다.[2]

그 뒤로 밥솥이 감추어진 산이라는 뜻에서 이 산을 '식장산'이라

부른다고 한다. 그런데 예부터 대전 지방에는 '식장산하(食藏山下) 만
인가활지지(萬人可活之地)'라는 말이 있었다. 이 산 밑이 '수많은 사람
이 모여 살 만한 곳', 즉 큰 도회지가 생길 것이라는 예언이다.

  과연 그 말대로 오늘날 식장산 밑에는 인구 100만 명이 넘는 큰 거
대 도시가 생겨났으니 옛 사람들의 말이 빈말이 아님을 알겠다. 식
장산의 옹기솥은 늘 솥에 밥이 가득 차는 신통한 밥솥이므로 100만
이 넘는 인구가 먹고 살 수 있는 터전이 된 것일지도 모른다. 그리고
식장산이 주는 교훈은 재물에 욕심을 내지 말라는 뜻일 게다. 그때
사라진 옹기솥이 결국 만인의 소유가 되어 오늘의 대전시를 먹여 살
리는 것으로 보이기도 한다.

  식장산은 매년 4월 28~29일에 진달래 축제가 열리고 있으며, 계
곡과 산등선 등이 뛰어나 계족산(鷄足山), 보문산(普門山)과 함께 대
전의 3대 명산으로[3] 대전 시민의 사랑을 받고 있다.

---

1) 김부식 지음, 김종성 해설,《삼국사기》, 도서출판 장락, 1999, 200쪽.

2) 대전광역시 서구,《갑천문화》 4월호, 2001, 37~41쪽.

3) 송형섭,《새로 보는 대전 역사》, 나루, 1993, 35~40쪽.

연기군 전월산

도읍지 들어설 것을 예언하는 구월산

轉月山

정부에서 그동안 추진하여 온 행정수도 이전 곧 '행정중심 복합도시 건설(세종특별자치시)'은 역사적·정치적·경제적 의미도 중요하지만, 우리의 국토개발사나, 도시건설사 등 여러 분야에서 매우 중대한 의미를 지니는 국가적 사업이라고 할 수 있다.

풍수지리적 관점에서 살펴본 행정도시의 사산(四山)과 명당수(明堂水) 등에 대하여, 2005년 7월 초 행정중심복합도시 추진위원회 자문위원단의 현지 답사 때 참여한 풍수지리 전문가 김두규 교수는 원수산(元帥山, 일명 원수봉)을 주산(主山, 玄武)으로, 그 동남쪽의 전월산(轉月山)을 좌청룡, 또 서남쪽 명칭 미상의 산(아마도 높이 102.2미터의 원산인 듯)을 우백호로, 그리고 남쪽의 동출서류(東出西流)하는 금강을 명당수로 보았다.

행정도시의 명당론에 대하여는 풍수지리 전문가들의 다양한 의견이 더 있을 것이므로, 이 글에서는 자세한 언급을 생략하고자 한다. 그런데 이 지역의 땅이름 가운데 도읍지의 의미를 지녔거나 도읍지와 통하는 몇몇 명칭이 발견되었는데, 그 가운데 하나가 전월산(轉月山)이다.

　모든 이름의 명명(命名)에는 저마다의 배경과 사연이 담겨있기 마련이다. 무엇보다 땅이름에서 그 땅의 현실과 이름이 신통하게 맞아떨어지는 이른바 예언성 지명이 많이 나타나고 있는데, 이러한 땅과 그 이름의 인연을 가리켜 '인이명지(因以名之)요, 고인기명(故因其名)'이라 한다. 모든 이름은 붙여지는 그 순간부터 자신의 풍경을 창조하고 자신의 이미지를 형성하며 나아가 그 이름으로 운명을 만들어 나간다고 믿기 때문이다.

　행정도시의 좌청룡이 되는 전월산은 연기군 남면 양화리(陽化里)와 월산리(月山里)에 걸쳐 있는 높이 262미터의 산이다. 한글학회의 《한국지명총람》에는 이 산을 일명 '구을산' 또는 '굴달'로도 부른다는 기록이 보인다. 여기서 전월산과 구을산(굴달)은 구월산(九月山)의 변전(變轉)으로 볼 수 있으며, 이를 설명하기에 앞서서 먼저 '구월'이라는 지명의 분포에 대하여 살펴볼 필요가 있다.

- 황해도 문화(文化) 구월산(九月山)　　·전북 장수군 천천면 구월봉(九月峰)

- 경기도 화성시 구월산(九月山)　　·부산시 동래구 구월산(九月山)

- 인천시 남동구 구월동(九月洞)　　·경남 고성군 구월산(九月山)

　'구월'을 뜻하는 지명은 전국적으로 10여 개소나 되는데 그 가운데 6개를 뽑아 보았다. 그리고 특히 대표적인 황해도 문화의 구월산과 부산의 구월산, 이곳 연기군의 전월산을 비교하여 살펴보고자 한다.

　먼저 황해도 문화의 구월산은 《제왕운기》에서 단군의 도읍지인 아사달(阿斯達)로 비정(比定)되었으며, 이 산의 바로 남쪽에 이어진 산이 아사산(阿斯山)이다. 그런데 아사달에 대한 풀이나 그 위치에 대하여는 신채호, 양주동, 안재홍, 이병도 등 여러 학자에 따라서 차이가 있으므로[1] 여기서 복잡한 내용은 생략하기로 한다.

한편 구월산이 있는 황해도 문화현은 본래 궐구현(闕口縣)이었다가 문화현(文化縣)으로 바뀌었는데, 여기서 '궐(闕)'은 도읍지의 궁궐과 함께 '구월(九月) − 궐'로 약차(略借)된 것이다. 문화현의 '문(文)'도 역시 '구월'이 '글월'로 훈역(訓譯)되어 '글월 문(文)'을 붙인 것이며, 구월산 일대에는 단군과 관련된 유적인 어천대(御天臺)를 비롯하여 당장경(唐藏京) 등의 이름이 여러 곳에 남아 있다.

한편 높이가 317미터인 부산의 구월산은 옛 동래 고을의 진산(鎭山)으로 현지에서 구월산·굴산·구불산·구를산·윤산 등으로 불린다. 이 산이 조선 중기부터는 윤산(輪山)으로 나타나는데,[2] 이는 현지의 '구월─구를─굴' 발음을 보고 '바퀴 륜(輪)'자로 의역(義譯)한 이름으로서 지금도 현지 촌로들 사이에는 '구월산'으로도 통한다.

마찬가지로 이곳 연기의 전월산(轉月山)도 구을달·구을산·굴산으로 불린다. 여기서 구을산(구을달)은 곧 구월산(九月山) 〉 구을달(구을산) 〉 전월산(轉月山)이 된 것으로 '굴(구를) = 전(轉)'의 뜻에 따라 훈역된 것으로 보인다.

'구월'에 대하여 설명을 보태자면, 원래 태양이나 처음 또는 시작을 뜻하는 '앗(앋, 앚, 앛, 알)'이라는 말이 아침의 땅, 처음 터를 잡은 땅, 도읍지를 뜻하는 '아사달'이 되고, 이것이 아사달 〉 앗달 〉 아홉

달로 새겨져 구월산(九月山)으로 훈역되었으며, 이 구월산이 조선 중
기부터 지역에 따라서 전월산(轉月山) 또는 윤산(輪山)으로 바뀐 것으
로 보인다.

　우리나라의 행정수도가 되려다가 '세종특별자치시'로 바뀐 곳에
'아사달'을 뜻하는 전월산이 자리잡고 있으니 땅이름이 국토 개발의
미래를 암시하고 있는 듯하다.

---

1) 안호상, 《겨레의 역사 6천년》, 기린원, 1997, 130~133쪽.

2) 《세종실록지리지》에는 윤산(輪山)에 관한 기록이 없으나 《신증동국여지승람》부터 윤산이
　 나오기 시작한다.

수원시 지지대 고개와 과천시 남태령
두 지지대 고개와 속도문화에 대한 반성

遲遲臺 南泰嶺

느리고 더디고 완만한 것의 아름다움

서울에서 남쪽 수원으로 내려가는 길목에는 조선 정조 임금이 이름을 붙인 고개가 두 군데 있다. 하나는 서울 사당동에서 과천으로 넘어가는 '남태령(南泰嶺)'이요, 또 하나는 의왕시를 지나서 수원시로 들어가는 경계에 있는 '지지대(遲遲臺) 고개'이다.

서기 1800년(정조 24) 49세의 젊은 나이로 서거할 때까지 재위 24년 동안 원통하게 죽은 아버지 사도세자와 불행한 어머니 혜경궁 홍씨를 위하여 지극한 효성을 쏟음으로써, 육친의 원수들에 대한 보복의 피바람을 잠재우고 이를 화성 축성이라는 거국적 사업으로 승화시킨 위대한 군주가 바로 정조 임금이다.

남태령과 지지대 고개는 정조가 부친의 묘소를 수원 화산으로 옮기고 화성 행궁 거둥이 계속되면서 생겨난 이름으로, 그의 절절(切切)한 효심을 잘 나타내고 있지만, 필자는 꼭 그것만을 기리고 싶지는 않다.

그보다는 갈수록 '빠름'만을 추구하는 현대인의 과속불감증, 인간사 도처에서 벌어지고 있는 가속도의 원리, 그리고 무작정 달리기만 좋아하는 문명이라는 이름의 횡포에 대하여 진지하게 생각해보고자 한다.

인간은 빠름을 추구하기 위하여 속도를 재는 단위인 1초를 91억 9200만 주기로 다시 쪼갰다. 이른바 세슘 133원자시계의 1초에 대한 정의이다. 이것은 그동안 우리가 흔히 쓰던 '찰나'니 '순간'이니 하는 말들을 쓸모없게 만들어버렸다.

그러나 음극과 양극을 연결하여 나침반을 만들고 피아노 건반의 흑과 백의 조화를 통하여 아름다운 선율을 만들어 내며 시작과 끝이 서로 연결되어 있듯이, 지극(至極)은 지극(至極)과 서로 통하게 되어 있음을 알아야 한다. 빠름과 느림의 조화, 달림과 머무름의 조화, 더디고 완만함의 아름다움을 다시 생각해보아야 하는 것이다.

그 빠름에 대응하는 말 또는 반대가 되는 말이 느리고 더디고 늦고 천천히 사는 것인데, 자전을 뒤적거려 보니 완(緩, 느림)은 부드러움과 누그러짐이며, 지(遲, 더딤)는 쉬거나 기다리는 것, 만(晚, 늦음)은 천천히 하거나 노년, 서(徐, 천천히 함)는 평온함과 조용함을 뜻하는 말이기도 하다.

그러니 느림[緩]은 또한 부드러움이요 누그러짐이다. 더딘[遲] 것은 쉬는 것이며 기다리는 것이다. 늦음[晚]은 천천히 사는 것이니 노년, 곧 장수함을 뜻한다. 천천히[徐] 사는 것은 평온함이요, 조용히 사는 것이 된다. 이 네 글자 緩·遲·晚·徐로 만든 말에는 '서서(徐徐)히'라든지 '완만(緩晚)히'라는 말들이 있는데, 그와 비슷한 뜻을 지닌 땅이름이 있으니 바로 수원의 '지지대(遲遲臺) 고개'이다.

수원시 장안구 파장동과 의왕시의 경계가 되는 지지대 고개는 원래 사근현(沙斤峴)이라고 불렸던 곳이다. 정조 임금의 어가 행렬이 이 고개를 오고가게 되었는데, 화산으로 내려갈 때에는 임금이 조바심으로 "왜 이렇게 행차가 더딘가[遲遲]?" 하고 물었고, 임금이 참배를 마치고 환궁할 때에는 이 고개 마루턱에서 어가를 멈추게 하고 멀리 화산의 아버지 묘소를 바라보면서 눈물을 흘렸다고 한다.

임금의 효심과 눈물로 더디고 더디었던 고개

화산이 보이지 않을 때까지 눈을 돌리지 않아서 임금의 거둥 행렬이 자꾸 늦어지자, 이 또한 '지지(遲遲)' 더디고 더딘 고개가 되었다.[1]

……행차를 마치고 돌아가실 때도 슬퍼하심이 지극하여 아른아른 연연해 하셨다. 그래서 능원에서 이 산마루까지 수십 리의 길이 더디고 또 더디었다. 옛날 공자께서 노나라를 떠나시면서 "더디고 더디구나 나의 발길이여!" 하셨으니 이는 공자가 의식적으로 더디 걸으려 한 것이 아니라 더딘 걸음을 깨닫지 못한 것이다. 우리 선왕이 이곳에서 더디게 걸었던 것도 역시 중심의 애정 때문에 스스로 더디고 더디지 않을 수 없었던 것이다.……참으로 지성(至誠)이라야 이런 경지에 이를 수 있는 것이다.

이것은 정조가 세상을 떠나고 1807년(순조 7)에 세운 지지대 비문

지지대 고개의 비각

의 일부이다. 1800년(정조 24) 정조가 마지막 열두 번째 원행을 마치고 돌아가는 길에 이 지지대에서 아버님 묘소인 현륭원을 바라보면서 "새벽에 (화성을) 떠나와서 뒤돌아보니 (현륭원은) 아득한데 지지대 위에서 또 더디고 더디구나(明發回道遠 遲遲臺上又遲遲)" 하였던 애절한 시가 있다.[2]

정조 임금이 마지막 거둥 길에 남긴 이 시에는 '지(遲)'자가 네 번이나 들어가는데, 앞에서 말했듯이 '지'는 더디다는 뜻도 있지만 또한 쉰다는 의미도 있다. 혹 정조가 그해에 자신이 죽을 줄 알고 "지지대 상우지지"라는 절구(絶句)를 남기고 영원한 휴식을 찾아간 것은 아니었을까.

정조 임금은 전에 세자 나이가 15세가 되면 세자에게 왕위를 물려주고 어머님 혜경궁 홍씨를 모시고 화성으로 내려가서 살겠다고 약속한 바 있는데, 그 약속을 저버린 채 그해에 어머님을 남겨두고 영원히 쉬는 길을 택하였다. 이 또한 '지(遲)=더딘 것=쉬는 것'과 서로 뜻이 통하고 있다.

현대인들은 '속도가 가치를 창조한다'고 믿는다. 디지털 시대의 속도관은 그야말로 속도에 대한 맹종이요, 속도에 대한 과신이다. 빠른 것이 선이요 정의이며, 느린 것은 죄악시되고 있다. 그러나 아무리 고개를 뚫고, 도로를 넓히고 포장을 해도 느려터진 고개가 있다.

경기도 과천시와 서울 사당동 사이에 있는 남태령 고개이다. '남태령' 또한 정조의 어가 행렬이 화성을 오고가면서 붙여진 이름이다.

이 고개는 조선 후기의 문헌에 호현(狐峴) 또는 엽시현(葉屍峴)으로 나오는데, '호(狐)'는 곧 '여우'이니 '엽시'는 '여시(여우의 방언)'의 음차자(音差字)임이 확실하다.

정조가 이 고개를 지나다가 시종들에게 고개 이름을 물었는데, 이때 과천 고을 이방 변 씨가 고개 이름을 '남태령(南泰嶺)'이라고 아뢰었다. 정조는 이 고개를 '여우고개'라고 부른다는 것을 들은 적이 있으므로 거짓말을 한 변 씨를 나무라며 그 사유를 물었다. 그러자 변 씨는 "본래 여우고개라고 부르고 있으나 임금님께 그 요사스런 이름을 아뢸 수 없어서 갑자기 꾸며 댄 것입니다. '남태령'은 서울에서 남쪽으로 가는 길의 첫 번째 큰 고개가 되므로 그리 부른 것입니다"라고 아뢰었다.

임금은 이방 변 씨의 마음을 가상하게 여기고 그때부터 이 고개를 '남태령'으로 고쳐 부르게 하였다고 전해지고 있다.[3] 요즈음으로 말하면 고개 이름을 국가가 공식 승인한 것이라고 할 수 있다.

남태령, 기어서 넘어가야 하는 현대판 지지대 고개

이 고개가 지금은 왕복 8차선의 탄탄대로가 되었다. 그러나 아침 저녁 출퇴근 시간이나 주말이 되면 이 고개의 교통 체증은 이루 말할 수 없다. 이곳에서는 자동차가 굴러가는 것이 아니라 기어가는 것임을 실감하게 된다. 정체 구간으로 워낙 악명(?)이 높다보니 이 고개야말로 현대판 '지지대 고개', 곧 더디고 더딘 고개라고 불러야 한다는 생각이 든다.

> 자동차들은 앞 봉사의 허리춤을 쥐고 따라가는 줄봉사의 대열로 늘어
> 서 있다. 차는 앞차 때문에 가지 못하고, 뒤차 때문에 돌아가지 못한
> 다. 모든 차는 앞차의 뒤차이고, 뒤차의 앞차이다. …… 차는 때문에
> 차가 아닌 것이 되어 줄봉사의 행렬로 기어서 간다.

다리 위에서 차가 막혀 오도 가도 못하는 광경을 묘사한 어느 문
학평론가의 글을 인용해 보았다. 모든 굴러가는 것들 때문에 세상은
더욱 빨라지고 있지만, 이 고개 위에서는 바퀴 때문에 오도 가도 못
하는 경우가 많은 것이다. 어쨌든 세상은 점점 더 가속도가 붙고 있
다. 세상은 더 빨라지기 원하고, 더 빨리 변하기 원하고, 더 빨리 헤
어진다.

그러면서도 빠를수록 좋다고 말한다. 그 이상한 성급함 때문에 사
람들은 아주 천천히 침묵 속에서 성장하여야 할 모든 것들이 조금씩
사라져 가고 있다는 사실을 깨닫지 못한다.

소를 예로 들어보자. 소는 느릿느릿 살아가는 가축이다. 그러나
소처럼 부지런한 가축도 없다. 초식동물이므로 잠시도 쉬지 않고 풀
을 되새김질하며 농사일에도 게으름이라는 것을 모른다. 그러나 인
간들이 소를 빨리 키우기 위하여 동물 사료를 먹인 결과 광우병이라
는 인류의 재앙을 낳고 말았다.

마찬가지로 사람들이 아무리 고갯마루를 깎아내고 산허리를 자르
며 굴을 뚫고 길을 넓힌다고 해도, 시속 400킬로미터가 넘는 꿈의 고
속전철과 시속 1천 179킬로미터의 자동차(은색 버드와이저)와 마하 6의

비행기를 만들어낸다고 할지라도, 인간의 속도에 대한 갈증·빠름에 대한 동경과 허기를 완전히 메울 수는 없을 것이다. 오히려 속도를 위한 개발은 반드시 그만한 대가를 지불하도록 인간에게 강요할 것이다. 지구상에서 자동차 사고로 말미암은 인명 희생은 제2차 세계 대전의 전사자보다 많다.

오늘날 도처에서 새 길이 뚫리고 확장되어 차는 더 빨리 달릴 수 있게 되었다. 금방 못 보던 고가도로가 생기고, 새 길이 생겨서 당황한 적이 한두 번이 아니다.

도로는 있어도 길은 없다. 천천히 걸을 수 있는 길, 천천히 달릴 수 있는 길, 주변을 바라보며 여유 있게 달릴 수 있는 길은 어디에도 없다. 1~2초만 멈칫거려도 뒤에서 빵빵거리기 일쑤이다. 그러니 무작정 달려야 한다. 지구를 멈추게 할 수 없듯이 현대인들의 빠름과 속도 경쟁, 이 속도 문화를 바꿀 수는 없는 것일까?

정조의 어가 행렬이 느릿느릿 고개를 넘어갔던 수원의 지지대 고개와 과천의 남태령은 이제 모두가 다 '지지대 고개'가 되었다. 남태령은 현대판 지지대 고개요, 수원의 사그내 고개는 200년 전 정조 임금 때문에 지지대 고개가 된 곳이다.

지지대 고개, 더디고도 더딘 고개.

그 지지대 고개의 의미를 살려서 느리고, 더디고, 늦으며, 천천히 살아가는 방법은 정말 없는 것일까. 그리하면 우리 사회는 부드러워지고, 누그러지고, 평온해지고, 조용하며, 여유 있는 삶을 살게 될 것이다.

속도를 줄이는 것은 한편 우리 마음의 욕심과 집착과 증오를 버리는 길이 된다. 마음이 바빠질 때 한 박자 뒤로 물러설 줄 아는 것, 그 것은 곧 마음을 비우는 일이다. 더디게, 느리게, 천천히 사는 것. 감속, 즉 여유를 가지는 법을 배워서 인체의 긴장을 해소하는 것. 이것이야말로 과속병을 고치면서 두고두고 추구해 나가야 할 '느림의 철학'으로 현대인들에게 새로운 화두가 되어야 하겠다.

---

1) 수원시, 《수원지명총람》, 1999, 286쪽.
2) 지지대 고개에는 정조를 추모하여 세운 지지대비와 그 비각이 있으며, 현재 경기도 유형문화재 제24호로 지정되어 있다. 6·25 사변 당시 이 고개 위에서 벌어진 전투로 말미암아 비면에는 총탄 자국이 그대로 남아 있다.
3) 김기빈, 《한국의 지명유래 2》, 지식산업사, 1997, 159쪽.

하남시 검단산과 배알미동, 남양주시 팔당리
국토의 젖줄, 서울의 어머니인 한강에 배알해야 한다

黔丹山 拜謁尾洞 八堂里

산과 물은 인류 모듬살이의 조건이자 자연신앙의 대상

'배산임수(背山臨水)'라는 말이 있다. 이는 풍수지리를 전문적으로 다루는 사람이 아닐지라도 흔히 쓰는 용어이다. 아파트단지 조성, 마을이나 신도시 나아가서 참여정부의 기업도시·혁신도시 건설과 행정중심 복합도시 건설에 이르기까지, 대개 산을 등지고 물을 바라보는 형국의 입지가 검토되었다. 산과 물은 인류가 정착생활을 시작하면서 그들의 모듬살이에서 먼저 고려해야 하는 삶의 조건이자 환경이며, 그 지리적 기반이라고 할 수 있다.

먼저 산을 살펴보자. 산은 단군 이래 우리 역사에서 볼 때 천제(天帝)의 아들 환웅이 처음 태백산에 내려와 신시(神市)를 열었던 하느님의 하강처이자 세계의 중심이었다. 그러므로 산은 천상과 교통할 수 있는 영검한 곳이며 거룩한 공간이다. 죽은 사람과 혼령이 돌아가 쉬는 곳이요, 그 품 안에 만물을 키우고 가꾸며 포용한다.

산악이 저같이 천애(天涯)를 가리어 있음은

무한에 대한 인간의 절망과 무모(無謀)를

아늑히 에워 막아 달래주기 위하여.

— 유치환, 〈사고와 직관〉 가운데서

더욱이 우리나라는 산이 많은 까닭에 산줄기에 따라 나라가 나누어
지고, 산을 중심으로 도읍이 만들어졌으며 그 골짜기에 마을이 생겼
다. '골'과 어원이 같은 '고을'에서 알 수 있듯이 고을, 즉 현(縣)이 발전
하여 큰 고을인 주(州)가 되었으며 나아가 나라가 되었던 것이다.

그러므로 이 숭산(崇山)사상에서 산신(山神)신앙이 생기고 삼산(三
山) 오악(五嶽)이 형성되었으며,[1] 고을마다 모시고 제사 지내는 산을
진산(鎭山)이라 하여 수호하였다.

물은 어떠한가. 신라어로 물(勿)이라 적었으며, 고구려어로는 매
(買)이고, 몽고어에서는 moren[江], 퉁구스어로는 mu[水], 일본어에
서는 mizu[水]인데, 수신(水神)을 상징하는 용(龍)의 우리말인 '미르'
도 또한 물에 어원을 두고 있으며 앞의 말들과 서로 통한다.

신화적으로 물은 하백(河伯:물의 신)의 딸이자 웅심연(熊心淵) 출신
으로 고구려 주몽의 어머니가 되는 유화(柳花), 우물에서 태어난 신
라 박혁거세의 왕비 알영(閼英), 고려 태조의 할아버지 작제건(作帝
建)의 아내이며 서해의 물로 통하는 용녀(龍女) 등, 모두 나라를 세우
는 데 물이 생명력 곧 풍요와 창조의 원천으로 상징되었다.

그러므로 국가에서도 산과 물을 중요시하여 산천제(山川祭)를 지

냈는데, 신라에서는 이를 4독(四瀆)이라 하여 4대강에 제사를 지냈고, 고려의 팔관재와 조선의 산천단(山川壇) 의식(儀式)은 산과 물에 대한 자연신앙으로 신봉되었다.

> 모든 물은 바다로!
>
> 한 방울 개울물이 아득한 바다의
>
> 방향을 어찌 알랴.
>
> 가다가—찾아가다가 마침내
>
> 마를지라도 바다로! 바다로!만 지향하여 마지않는
>
> 그 갸륵함이여, 애달픔이여.
>
>   —유치환, 〈사랑과 영원의 단장〉 가운데서

물에 대하여 이야기할 때마다 필자가 좋아하여 자주 인용하는 청마(靑馬)의 시 한 구절이다.

검단산의 '검단'은 한성백제의 큰 제단이 있었던 곳을 암시

백제의 처음 이름은 십제(十濟)이며 한강 남쪽 하남위례성에 도읍을 정하고 나라를 세우니 이때가 중국의 전한(前漢) 성제(成帝) 홍가(鴻嘉) 3년(기원전 18년)이었다. …… 그 후 온조가 처음 올 때 백성이 즐겨 따랐다 하여 국호를 백제(百濟)로 고쳤다.[2] 그해 여름 5월 동명왕(東明王)의 사당을 세웠으며, 20년 2월에 큰 단[大壇]을 설치하고, 왕이 친히

천지신명께 제사하였더니 기이한 새 다섯 마리가 날아와 춤을 추었
다. 다루왕 2년 봄 정월 시조 동명왕의 사당을 배알하였다.

이는 《삼국사기》 백제본기1에 수록된 백제에 대한 초기 기록을 발
췌 정리한 것이다. 산과 물에 대하여 장황하게 나열한 까닭은 북한
강과 남한강이 만나는 팔당호와 그 서쪽에 솟은 높이 685미터의 검
단산, 그리고 이 산 북쪽 기슭 한강변에 있는 배알미동의 지명 유래
를 살펴보기 위해서이다.

암물인 남한강과 수물인 북한강이 하나로 어우러져 한강이 되고,
이 물이 서쪽으로 흐르는 강변에 2천여 년 전 백제의 첫 도읍지가 형
성되었다. 그리고 이곳 경기도 하남시 배알미동의 검단산은 그때 백
제의 제단이 있었던 곳으로 보인다.

바로 '검단산(黔丹山)'이라는 이름이 백제 초기의 역사를 전해주고
있다. 비록 검단산에 대하여 백제 승려 검단선사의 전설이 전해지
고 있기는 하지만,[3] 전국적으로 '검단'이라는 이름은 마을이나 산·고
개·골짜기 등 약 70여 개소가 넘는데, 대개 신당이나 제단이 있었던
곳에 검단·검당·금당 등의 이름이 남아 있다.

검단산의 '검'은 우리말 '고마'의 한 갈래말로 경(敬), 건(虔), 흠(欽)
의 뜻을 지니고 있다. '고마'는 감·검·곰·금·가마·고모·가무, 일본
말의 가미, 아이누 말의 가무이와 같으며, 뒤[後]나 북쪽을 가리키는
방위어로도 사용되었다. '검'의 뜻은 대개 위[上], 신(神), 거룩함[聖],
큼[大] 등이며[4] '검(黔)'의 자의(字意)는 별 의미가 없다. 그러므로 우

리말의 '고맙다'는 '고마스럽다', 즉 인간의 일이 아니라 '신령스럽다'거나 '경외(敬畏)스럽다'를 나타내는 말로 보기도 한다.

한편 검단산의 '단'은 제사를 지내는 신당이나 제단으로 '검단'이란 곧 신령한 제단·신단, 또는 큰 제단을 가리키는 이름으로 볼 수 있다 [여기서도 '단(丹)'의 자의 또한 별 의미가 없다]. 실제로 검단산 정상에는 돌로 단을 쌓은 옛날의 흔적이 남아 있어서 이를 《삼국사기》에 나오는 동명왕의 큰 제단(터)으로 보는 견해가 있다.[5]

이 견해에 따른다면 '검단산'이라는 이름은 백제가 이곳에 조성하였던 동명왕의 제단이나 나라의 신당 등, 큰 제단 때문에 생긴 이름으로 보아야 할 것이다.

제단에 절하는 배알미동, 강변에 당집 많았던 팔당

하남시 '배알미동(拜謁尾洞)'은 검단산의 북쪽 산기슭 팔당호 주변에 있는 한강변 마을이다. 팔당댐을 중심으로 웃배알미리와 아랫배알미리로 나뉘는데, 여기서 '배알(拜謁)'이란 임금이나 존귀한 사람을 만나는 일로서 '절하며 아뢴다'는 뜻이다. 곧 신령이나 나라의 조상 등을 모시고 제사를 올리며 고(告)하는 곳이니, 배알미동이라는 이름 자체가 백제 때 검단산에 있었던 제단 때문에 생긴 이름으로 보인다.

이 배알미리에 대하여 한글학회의 《한국지명총람》(경기편)을 살펴보면, '밸미'라고도 부르는데, 밸미산 밑이 되기 때문이라 하였다. 여기서 밸미산은 곧 검단산의 동북쪽 작은 봉우리이므로 검단산을 향해 인사하는 '배알미(미＝뫼)'의 뜻으로 풀이할 수 있다.

한편 이 배알미동의 한강 건너편 서북쪽이 되는 '팔당리(八堂里)'는 행정구역으로는 경기도 남양주시 와부읍에 속한다. 그런데 이곳 남한강과 북한강이 만나는 곳에 설치된 댐을 팔당댐이라 하고 그 안쪽 (동쪽) 호수를 팔당호라고 부르는 것을 보면, '팔당'이라는 이름은 한강 나루와 관련하여 예로부터 이 일대를 널리 통칭하는 이름이었을 것이다.

'팔당'은 한강 가에 넓은 나루가 있어서 바다이, 바당이, 바다나루 등으로도 불렸다고 한다.[6] 그러므로 바다(바당) 〉 팔당의 변천설도 있으나 필자는 그보다 '당집'이 많았다는 해석에 더 수긍이 간다.

원래 큰 강변의 나루터 주변에는 굿을 하는 당집이나 당사(堂舍)가 있게 마련이기 때문이다. 가령 강가에서 푸닥거리를 한다거나 뱃길의 안전을 기원하는 등의 목적으로 당집이 여럿 있었을 것으로 보인다.

이와 관련하여 오늘날 팔당댐 주변의 검단산 기슭에 '새우젓 고개'라는 길이 있었다고 한다. 팔당의 새우젓 장수들이 넘어 다니던 고개로 개화기 이전까지 팔당의 부녀자들이 이 새우젓 도매로 얻는 이권을 쥐고 있었다. 그런데 어느 여인이 욕심을 부려 새우젓을 너무 싸게 팔아서 혼자 이문을 많이 챙겼다. 이 사실을 알게 된 팔당지역 부녀자들이 강제로 그 여인에게 돌을 안겨서 한강에 빠뜨려 죽였으며, 그 뒤로 강변의 여러 당집 가운데 그 여인을 당신(堂神)으로 모신 당집(각씨당)이 생겨났다는 것이다.[7]

모든 강은 역사와 문화의 통로가 된다.

아득히 그 강기슭에 사람들이 뿌리 내렸던 선사시대부터 지금까지 면면히 이어져 흐르면서 그 땅의 역사와 문화를 일구어 냈고, 또 먼 훗날까지 우리 후손들의 젖줄이 될 것이기 때문이다.

생각해 보면 두물머리(양수리)에서 두 강물의 해후에 따라 비로소 한강이 탄생하였고, 그 한강이 흘러내려서 2천 년 전 백제 도읍지이자 오늘의 서울을 만들어 냈다. 말하자면 한강은 서울의 어머니요 젖줄이 되며, 그래서 어느 시인은 "한강은 서울의 한복판을 흐르지만, 사실은 우리의 가슴 속으로 흐른다"고 말한 것이다.

양수리 바로 아래에 있는 배알미리의 현대사적 의미는 무엇일까. 여기서 '배알(拜謁)'은 바로 민족의 젖줄인 한강을 향하여, 그리고 국토 대자연에 대하여 우리 겨레가 올리는 큰절, 경건한 '배알'이 되어야 한다는 것이다.

---

1) 중국에서 시작된 오악(五嶽) 숭배사상의 대상은 태산(泰山, 동), 화산(華山, 서), 형산(衡山, 남), 항산(恒山, 북), 숭산(嵩山, 중앙)으로 오방(五方)의 상징이 되었다.

2) 여기서 십제, 백제의 십(十)과 백(百)은 고어에서 'on(전부)'이며, 나아가 십제·백제·온조는 나라 이름이었을 것으로 보는 견해가 있다(도수희, 백제문화개발연구원, 《백제어연구 3》, 29쪽).

3) 백제 때 남한산성 장경사에 검단선사가 있었는데, 그가 만년에 이 산으로 들어왔으므로 검단산이라 부른다고 한다(개마서원, 《우리고장 문화유산 1》, 1998, 376~377쪽).

4) 천소영, 《우리말의 문화 찾기》, 한국문화사, 2007, 156쪽.

5) 이형석, 〈하남위례성과 검단산〉, 《이름》, 한국땅이름학회지 제14호, 1992. 11. 27.

6) 한글학회, 《한국지명총람 17》(경기편 상, 남양주군), 1985, 336쪽.

7) 이규태, 《서민의 의식구조》, 신원문화사, 1984, 239쪽.

안양시 만안교, 석수동과 삼막사
정조의 돌다리와 석수(石手)와 남녀근석의 인연
萬安橋 石水洞 三幕寺

안양사, 불교의 극락세계를 상징

사람의 일생은 다리를 건너는 것과 같다고 한다. 모든 사람은 자기 자신만이 건너갈 수 있는 독목교(獨木橋, 외나무다리)를 건너가야 한다. 이 다리는 혼자만 건너갈 수 있는 것이며, 타인이 대신해 건너갈 수 없는 다리이다.

다리는 이쪽과 저쪽, 신과 인간, 볼 수 있는 가시적 세계와 볼 수 없는 비가시적 세계, 또는 서로 상반되거나 다른 세계와 연결을 상징한다. 그래서 무지개 모양의 다리[虹橋]는 하늘과 땅, 또는 하느님과 인간을 연결하는 것이며, 정월 보름이나 명절 때 하는 다리밟기는 단순히 다리 위를 걷는 운동이 아니다. 이것은 다리가 신과 인간의 교감적 매체, 절대자와 연결된다는 운명적 의미를 함축한다고 볼 수 있다.

우리나라에서 가장 오래된 다리는 경주 토함산 불국사의 청운교(靑雲橋), 백운교(白雲橋), 연화교(蓮花橋), 칠보교(七寶橋)이다. 물론 하천을 건너는 다리는 아니지만, 이를 경계로 하여 천상의 불국(佛國)과 지상의 속세를 연결하는 상징적 의미를 지닌다.

불국사 대웅전으로 오르는 청운교와 백운교는 다보여래(多寶如來)의 불국 세계로 이어지는 자하문(紫霞門)과 연결되고, 칠보교와 연화교는 아미타여래(阿彌陀如來)의 불국 세계와 이어지는 안양문(安養門)과 연결된다. 또 이 두 쌍의 다리는 각각 33계단으로 33천(三十三天)을 나타내는데, 이는 인간 세상의 온갖 미망과 욕심과 번뇌를 뜻하고 있다.

앞에서 설명하였듯이 경기도 안양시의 '안양'이라는 이름은 불가에서 비롯된 말이다. '안양'이란 마음을 편안히 하고 몸을 가다듬어 기른다는 뜻인데, 이것이 불교에서는 극락세계를 나타내고 있다.

> 옛날 태조께서 조공하지 않는 자를 정벌할 참인데 여기를 지나다가 산꼭대기에 구름이 오채(五彩)를 이룬 것을 바라보았다. 이상하게 여기고 사람을 보내 살피게 하였다. 과연 늙은 중을 구름 밑에서 만났는데, 이름이 능정(能正)이었다. 더불어 말해 보니 뜻이 맞았다. 이것이 이 절을 건립하게 된 연유이다.[1]

이것은 《신증동국여지승람》에 나오는 삼성산(三聖山) 안양사(安養寺)에 관한 기문(記文)의 내용이다. 지금의 안양시라는 이름은 이 절에서 비롯된 것이며 안양사는 안양시 석수동 산 27번지에 있다. 특기할 것은 안양사가 고려 문하시중 철원부원군 최공에 의하여 중수되었다는 점인데, 여기서 최공은 고려 말의 최영 장군을 말한다.

정조 화성 행차시 천년만년 편안케 만든 다리

> 왕께서 해마다 한 번씩 원침(園寢)에 행행(行幸)하시오니
> 이 다리 건너시기를 만 번을 하시옵소서.
> 복록과 함께 이르게 되리니 아래에는 내(川)가 있습니다.
> 때로는 자가(慈駕)를 모시고 만안(萬安)하소서.
> 은혜가 백성에 미치니 마음 놓고 건넘에 환성을 올리도다.
> 천년만년 편안하기 반석과 같도다.

이것은 안양시 만안구 석수동 679번지에 있는 만안교 송축비문 가운데 있는 송(頌)이다. 지금의 만안구니 만안초등학교니 하는 이름들이 모두 이 다리에서 비롯된 것이다.

길이 34.8미터 폭 7.8미터로서 1795년(정조 19)에 세워졌으며 경기도 관찰사, 병마수군절도사, 수원 유수, 개성 유수, 강화 유수 등이 동원되어 3개월 동안 매달린 끝에 세워진 다리이다. 정교한 무지개(홍예)식 수문으로서 서울 중량천 하류의 살곶이다리와는 견줄 수 없는 발달된 토목기술을 보여주고 있다.[2]

만안교의 원래 위치는 현재의 자리에서 남쪽으로 200미터쯤 떨어진 곳인데, 1980년 국도를 확장하면서 현재의 삼성천(三聖川)[3] 위로 옮겨 세워졌다. 정조 임금은 억울하게 죽은 아버지 사도세자의 능을 동대문 밖 배봉산(拜峯山)에서 수원 화산으로 옮긴 뒤 자주 능을 참배하며 부친의 원혼을 위로하였다.

만안교

정조의 참배 행렬은 원래 노량진—과천—수원을 거치는 정남로였는데, 그 길가에 사도세자의 처벌에 적극 개입하여 정조에게 미움을 산 김상로의 형 김약로의 묘가 있었다. 그리하여 정조의 뜻에 따라 노량진—시흥—수원 쪽으로 길을 바꾸게 되었으며, 그 길목에 있는 안양천을 건너야 하므로 이곳에 만안교(萬安橋)라는 이름의 다리를 축조하게 된 것이다.

이 다리는 조선 후기에 축조된 대표적 무지개다리로 7개의 홍예식 수문을 만들어 물이 빠져나가게 하였으며, 물이 흘러들어 오는 북쪽에는 앞부분을 삼각형 형태로 돌출시켜서 물의 흐름이 원활하게 하였다. 비문의 송(頌)에는 정조가 모친(혜경궁 홍씨)의 가마를 모시고 만안(萬安)하며, 천년만년 반석과 같이 편안하기를 송축하였지만, 정조는 이 다리를 놓은 지 5년 뒤인 1800년에 향년 48세로 운명하고 말았다.

정조는 그렇게 일찍 세상을 떠났지만, 지금 안양천은 하천 살리기 운동에 힘입어 자연 생태계가 되살아나고 있다. 버들치·밀어·얼룩동사리 등의 물고기가 돌아오고 있으며, 물억새·부들 등 하천변 풀들이 되살아나고 있다. 이 하천에 만물이[萬] 골고루 번성하고 생육하니[安], 만안(萬安)함이 다리 이름 그대로이다.

조망 뛰어난 삼막사와 신이 빚어놓은 남녀근석

한편 만안교가 있는 석수동(石水洞)은 원래 삼성천의 주변 마을로 조선시대에 석공이 많이 살았다 하여 석수동(石手洞)이라 불렸다고 한다.[4] 만안교 다리 공사와 만안교 비석도 이 석공들에 의하여 만들어졌다고 하며, 1930년대 초 마을 앞에 수영장이 생기면서 석공들이 대부분 떠나가고 마을 이름도 석수동(石水洞)으로 바뀌었다고 한다.

그런데 석수동을 이야기할 때 빼놓을 수 없는 것이 삼막사(三幕寺)와 남녀근석(男女根石)이다. 대개 풍광이 뛰어난 곳에 빼어난 돌과 바위, 시원한 물이 있음은 당연하다. 그러나 삼막사의 남녀근석은 그 생김새가 너무도 절묘하여 탄성을 자아내게 하며, 부인들은 이 돌을 바라보는 것조차 부끄러워 할 정도이다(여근석은 약간 높은 곳에서 내려다보아야 한다).

그러나 이 바위는 삼막사가 생기기 전부터 민간에서 숭배하였던 곳이라고 한다. 삼막사 칠성전 앞에 있는 남근석은 높이 1.9미터쯤 되는 남성의 성기처럼 생긴 바위이고, 여근석은 1.4×1.5×1미터 정도의 크기로서 두 바위가 약 3미터 정도 떨어져 있다. 하단에는 석축을 쌓아 현재의 모습을 갖추었는데 전체적인 형상이 남녀의 성기 모습과 일치한다.

그래서 자식 또는 아들을 갖고자 하는 부녀자들이 이 바위를 만지면

남녀근석

서 기원하거나, 무병장수를 빌면 효험이 있다고 한다. 예전에는 특히 4월 초파일과 칠월 칠석 날 많은 사람들이 이 바위 앞에 제사상을 차려 놓고 기원하여 안양지역 민간신앙의 중요한 터전이었다고 한다.

석수동의 삼성산(三聖山)[5]에 있는 삼막사(三幕寺)는 신라 때 원효대사가 창건하였고 도선국사가 중건하였으며, 고려 말 나옹 스님과 지공 스님이 크게 중흥시킨 절이다. 본래 삼막사(三藐寺)라고 하였는데, 이 것은 중국 소주(蘇州)의 삼막사에 비유된 것이라고 한다. 또 인근 주민 들은 1막이니 2막이니 하면서 중간 중간에 조성된 여러 사찰 터의 석 축을 이야기하고 있다. 그러나 '삼막'은 본래 '삼막삼보리(三藐三菩提,

Samyaksambodhi)'를 뜻한다. 이것을 정편지(正遍知) 또는 정등정각(正登正覺)이라 번역하며, 부처가 깨달은 지혜를 말한다.

삼막사는 좋은 절이다. 서쪽으로 멀리 황해 바다를 바라볼 수 있으며, 시흥과 안양을 조망하는 데 그 풍광이 진정 일품이다. 관악산 연주암이 골짜기 안에서 하늘만 바라볼 수 있지만, 이 절은 마치 삼성산 품에 안기듯이 자리 잡고 시야가 탁 트여서, 관악산 일대에서 이보다 더 나은 절터가 있을 것 같지 않다.

석수동과 남녀근석.

그 이름이 원래 석수동(石手洞)이었기에, 조물주의 뛰어난 솜씨[手]가 돌[石]을 주물러 남녀근석을 빚어놓았던가 보다. 더구나 남녀근석과 같이 있는 칠성전 안에는 옛 석공의 넋이 살아있는 듯한 마애불이 새겨져 있다.[6]

옛날의 석수동(石手洞)이라는 이름이 진정 빈말이 아님을 알게 된다.

---

1) 안양사는 고려 태조 때 능정이라는 스님과 태조에 의하여 건립되었다.

2) 살곶이다리, 일명 전관교(箭串橋)는 1483년(성종 14)에 건립되었다.

3) 삼성천은 삼성산에서 발원하여 안양천으로 합쳐지는 하천이다.

4) 손광섭, 〈안양 만안교〉, 《건설저널》 9월호, 2004, 48쪽.

5) 삼성산은 신라 때 성인 원효(元曉), 의상(義湘), 윤필(潤筆)이 들어와 이곳에 절을 세우고 도를 닦았기 때문에 생긴 이름이라고 한다.

6) 마애불은 칠성전(칠보전) 문을 열면 건물 안쪽 바위 벽에 새겨져 있다.

여수시 유두머리
석유화학단지 앞에 자리잡은 유두머리

…… 타고 남은 재가 다시 기름이 됩니다. 그칠 줄 모르고 타는 나의
가슴은 누구의 밤을 지키는 약한 등불입니까.

— 한용운, 〈알 수 없어요〉 가운데서

여기에 나오는 기름은 시련을 거침으로써 생성되는 에너지, 곧 또
다른 생명체로의 부활이나 탄생을 뜻한다. 우리 무속에서는 기름이
불을 밝히는 기호물이다. 기름을 태워 불꽃을 만들고 어둠을 밝힘으
로써 제의(祭儀) 공간의 통로를 만드는 상징적 존재가 된다. 또 중국
산동성 무씨(武氏) 사당의 벽화에는 여신이 손에 든 기름병을 기울여
땅에 기름을 붓는 모습이 나오는데, 이것은 땅의 생산력을 상징하는
것으로 풀이되고 있다.

기독교에서 '기름 부음을 받은 자'는 선택된 사람으로서 축복이나
신의 은총을 뜻하며, 성서에서 기름은 기쁨의 상징이다. 비록 세속적
이지만 중동의 석유는 아랍 사회에 엄청난 부(富)의 축복을 안겨 주었
고, 그들이야말로 석유를 통해서 '기름 부음을' 받았다고 생각한다.

기름, 절대적 에너지원으로 오늘날 각광받고 있는 석유는 지하에서 천연적으로 생산되는 액체탄화수소로 기원전 아득한 옛날부터 메소포타미아, 터키 등지에서는 이미 원유를 이용하기 시작하였다. 이때의 원유는 지표에 저절로 배어나온 것이었고 방부제나 미라의 제작 등 매우 다양한 용도로 사용되었다고 한다.

석유는 에너지원뿐만 아니라 석유를 분해하면서 생기는 합성고무, 합성세제, 염료, 농업 약품, 의약품, 도료 원료 등 새로운 재료들이 개발되면서 인류의 소중한 자원으로 등장하였다. 그러므로 제1차, 제2차 세계 대전에서도 석유자원 문제가 중요한 발발 동기로 분석되고 있는 것이다.

오늘날의 기름—석유가 빛과 열을 생산하는 에너지원으로서 은총을 상징한다면, 무씨 사당의 기름이나 무속의 기름도 또한 어두움을 밝히고 땅의 생산을 의미하였다는 점에서 서로 통한다.

이 기름 때문에 상전벽해의 현장으로 바뀐 곳이 바로 여수 국가산업단지이다. 1970년대 초 울산 석유화학단지에 이어서 이곳에 제2의 석유화학단지가 들어선 것이다. 당초 '여천 석유화학기지'라는 이름으로 불린 이곳은 그전 여천군 삼일면과 쌍봉면 일대 약 1400만 평의 넓은 부지에 1979년 석유화학단지가 조성되었다.

한가로운 들판과 어촌에 살던 수많은 농어민이 정든 땅과 바다를 내놓고 집단으로 이주하게 되었으며 그 자리에는 거대한 정유 탱크, 굴뚝, 끝없이 뻗은 해상 구조물, 부두, 공장 시설이 들어섰다. 약 12킬로미터의 여수 해안에는 유조선으로부터 기름을 끌어들이는 각종 부

유두머리의 기름탱크들

두시설과 LG 석유화학, 남해화학, 삼남석유, 호남석유, 한화석유, 금호석유 등 수십 개의 공장이 들어섰다.

그런데 신통한 것은 이 거대한 석유화학단지 바로 앞 묘도동 동쪽 끝에 '유두(油頭)머리'라는 지명이 벌써 불려지고 있었다는 사실이다. 이곳에 석유화학단지가 들어서서 중동으로부터 원유가 실려 오고, 그것들이 정유와 각종 석유 제품으로 둔갑하는 마술을 부릴 줄 옛사람들은 미리 알고 있었던 것이다.

이곳에서 벌어지고 있는 석유화학산업의 마술을 한번 살펴보자. 가령 5만 원으로 석유 한 드럼을 들여왔다고 치자. 여기에서 폴리에스테르 와이셔츠 40벌, 담요 10장, 비료 4포대, 신발 60켤레, 스타킹 2천 880벌, 페인트 3통, 모두 합하여 250만 원어치를 만들 수 있는 재료가 나온단다(1982년 분석가격 참조).[1]

그러나 여수 국가산업단지가 들어서서 정든 땅을 내놓고 떠나야

하는 사람들의 한숨과 탄식도 있었다. 여수 국가산업단지는 국가와
사회에 크게 기여한 만큼 반사적 피해도 커서 그 명암이 뚜렷하게 나
타난 곳이기도 하다. 개발로 말미암은 빛과 그림자는 어디나 찾아오
게 마련인 것. '거울 같은 바다'로 회자되었던 수려한 삼일항 일대의
바다가 한때 공해문제로 갈등을 겪었고, 고향을 떠난 실향민들이 겪
은 상처는 깊었다.

　이곳에 예로부터 불려 온 '유두머리'라는 이름이 마치 석유화학 공
장이 들어설 것을 미리 내다본 듯이 자리잡고 있었던 것을 어떻게 설
명해야 할까.

　많은 사람이 같은 말을 계속 쓰게 되면 '언령(言靈)'이 생긴다고 한
다. 바로 '말이 씨가 된다'는 것이다. 땅이름은 수많은 사람들이 대를
물려가면서 거듭 일컫는 언어로서 그 말에 생명력이 생길 수밖에 없
을 것이다. 그것이 바로 언령이며, 필자는 그것을 믿는 사람 가운데
하나이다. 그래서 땅이름의 제정이나 변경도 신중하게 결정하자는
것이 필자의 평소 생각이다.

1) 뿌리깊은나무, 《한국의 발견》(전라남도), 1983, 376쪽.

춘천시 청평리 거북바위와 물로리

거북바위 아래 물이 차오르는 대개벽

清平里 勿老里

한 신하가 내달아서

옥함을 받아지고

궐문 밖을 내달으니

남으로 유사강,

뒤로 청천강

여울여울 피바다를 바라보고

한 번을 던지시니

용솟음을 하시더라.

두 번을 던지시니

재 솟음을 하시더고

삼 세 번은 돌을 달아 던지시니

난데없는 금거북이

어정정 내려와서

옥함을 받아지고 강중으로 가더이다.

우리 무속신화의 여신인, 갓 태어난 바리공주를 버리는 장면이다. 동양 문화에서 수명이 길다 하여 십장생으로 꼽히는 거북은 고구려 시조 동명성왕 주몽이 어려서 금와왕의 군사들에게 쫓길 때 바다에 다리를 놓아주기도 하고, 〈구지가(龜旨歌)〉[1]에서는 군주의 출현을 촉구하는 백성의 뜻을 전하는 매개자가 되기도 한다.

무엇보다 거북은 고구려 고분의 〈사신도(四神圖)〉에 나오는 현무 (玄武)로서 북쪽 방위의 수호신이자 수신(水神)과 지신(地神)을 상징 하는 태음신(太陰神)이며, 물의 신인 하백(河伯)의 사자로 나오기도 한다. 이충무공의 거북선도 이처럼 거북이 지닌 수신의 모습을 배의 형상에 도입한 것이다.

강원도 춘천시 북산면에 청평리(淸平里)가 있고, 이곳에 위치한 청 평사 입구에는 거북바위가 있다. 그 남쪽 소양호 변의 물로리(勿老 里)에는 물어구 마을[일명 수구동(水口洞)]이 있었다.

청평리의 청평사(淸平寺)는 973년(고려 광종 24)에 세워진 절로서 한때 폐사되었다가 고려 예종 때의 학자인 식암(息庵) 이자현(李資玄, 1061~1125)이 중건하고, 1550년(조선 명종)에 보우대사가 문수원(文 殊院)으로 이름을 바꾸었다. 6·25 때 대부분 불타버렸으며, 지금은 회전문(回轉門, 보물 제164호)만 남아 있고 극락보전은 1976년에 세워 진 것이다.

산중에 조용히 살고 있어도

전부터 내려오는 거문고 있네.

청평사 구성폭포 부근의 거북바위

때로는 한 곡조 타고 싶어도

누가 있어 이 소리 알아주리오.

이것은 청평사에 은거하였던 이자현의 시이다.

거북바위는 청평사의 구성(九聲)폭포 부근에 있으며 그 모양이 거
북이처럼 생겨서 붙여진 이름이다. 그런데 청평사의 뒷산인 오봉산
(五峰山, 본래 이름은 경운산)도 그 형상이 거북이 모습이라고 한다.

거북산 밑에 거북바위가 있으니 언젠가 그 발밑까지 물이 차오를
것이라는 전설이 있었는데, 1972년도 소양강댐을 막아 거북바위 아

래까지 물이 차올라 전설이 현실로 나타나게 되었다. 소양강댐에 물
이 차면서 32개 마을이 물에 잠기고, 3천여 가구와 1만 8천여 명이
각기 사방으로 이주하여 흩어져 살게 되었다.

거북이는 본래 물에 사는 동물이니 이곳에 댐을 막아 그 아래까지
물이 차오른 것은 당연하다 하겠고, 또 맑은[清] 물이 평평[平]하게 수
면을 이루어 그 면적이 72제곱킬로미터에 달하니 청평리(清平里)란
이름 또한 오늘의 대변화를 예고한 이름으로 볼 수 있겠다.[2]

또 북산면 물로리(勿老里)[3]는 소양호의 남쪽에 있는데, 그전에 장
수를 기원하는 뜻에서 '무로곡(無老谷)'이라고 불렀다. 그런데 소양호
가 생기니 같은 북산면의 청평리나 부귀리 등을 배로 다니게 되어 뭍
이 아닌 물로[水路] 다닐 것을 예언한 이름으로 보이는 것이다. 특히
물로리의 물어구 마을, 즉 수구동(水口洞)은 이곳에 소양호가 건설되
고 물이 차오르면서 물에 잠기게 되었으므로, 그 이름이 물을 불러온
것이라고도 할 수 있다.

생명 창조의 근간이 되는 물. 물이야말로 세상을 바꾸는 근원으로
서, 이곳에 들어선 소양호가 옛날 지어 부르던 이름들에 신통하게 현
실이 맞아떨어지게 만든 그 주술의 핵심인가 보다. 이것을 내려다보
는 청평사 회전문(回轉門)은 그 이름대로 돌고 도는 세상사의 윤회
(輪回), 거대한 우주적 순환을 내다보는 것만 같다.

---

1) 〈구지가〉는 가락국 추장들이 오늘날의 김해 구지봉에 모여서 김수로왕을 맞이하기 위해

불렀다는 노래로서 '가락국기'에 실려 전하며 〈영신가(迎神歌)〉, 〈영신군가(迎神君歌)〉라
고도 한다.

2) 김기빈,《한국의 지명유래 2》, 지식산업사, 1986, 129~130쪽.

3) 옛 지명에서 '물(勿)'은 대개 물(水)을 나타낸다. 이를테면 고구려 덕물현(德勿縣)이 덕수현
(德水縣)과 같음에서 '勿 = 水'임을 알 수 있다. 경남 양산시의 물금(勿禁)이라는 지명도 낙
동강의 빈번한 수해 발생으로 말미암아 물금, 즉 수금(水禁)을 뜻하는 기원 지명으로 본다.

4

땅이름에서 배우는 선견지명

민주지산과 4개의 삼도봉과 삼두마애불

머리 셋에 몸이 하나인 삼두마애불과 삼도봉의 대화합

岷周之山 三道峰 三頭磨崖佛

민주지산, 밋밋하여 부드럽고 덕스러운 산

사람들은 묻는다. 왜 '민주지산'이냐고. 언뜻 '민주주의 산' 같기도 하고, '주민산'을 뒤집어 놓은 것 같기도 하다. 산 가운데는 다섯 글자로 된 고루포기산(강원도 강릉과 평창군 경계, 1천 238미터), 네 글자로 된 가리왕산(加里旺山, 정선군 평창군 경계, 1천 560.6미터)이나 민주지산 같은 이름들이 있다.

충청북도 영동군과 전라북도 무주군의 경계를 이루면서 남쪽으로 덕유산 — 지리산으로 이어지는 높이 1천 241.7미터의 민주지산은 그 이름 때문에라도 기억해 두어야 할 산이다.

· 면주지산(眠周之山) : 국립지리원 발행 2만 5천 분의 1지도

· 면주지산(眠主之山) : 충북 영동군청 발행자료

· 민주지산(珉周之山) : 국립지리원 발행 25만 분의 1 지도

· 민주지산(岷周之山) : 중앙지도사 발행 지도첩 등

영동군과 무주군의 경계를 이루는 민주지산

　이것은 김장호 시인의《한국명산기》[1]에 나오는 '민주지산'의 여러 가지 표기 사례를 요약한 것이다. 여기서 '민(岷, 珉)'이나 '면(眠)'과 같은 한문 표기는 별 의미가 없는 것으로서, 우리말 '민'을 적기 위한 소리 빌림[音借] 글자일 뿐이다.

　땅이름에서 '민'은 '미인(美人)'으로 불리거나 표기되는 경우도 있는데, 산이나 고개가 밋밋하여 오르기 편하거나 산봉우리가 민틋한 산을 나타낸다. 실제로 민주지산은 산꼭대기가 민숭한 풀밭이요 산나물이 많기로 유명한데, 밋밋한 둔덕처럼 산머리가 벗겨진 민둥산이니 억새풀로 이름난 강원도 정선의 민둥산과 비슷한 산이라고 할 수 있다.

　민주지산의 '주(周)'는 우리말 '두루'의 뜻 빌림 글자이다. 산이 둥그스름하고 밋밋하니 충청도 말의 '민두루한 산'이요, 이 '어떠어떠한'을 적기 위하여 '지(之)'를 붙여서 민주지산(岷周之山)이 된 것이다.

이를테면 강원도의 두루안지산(평창, 990미터)은 일명 주좌산(周坐山)이라고도 하는데, 산봉우리가 둥그스름하여 '둥글게 앉은 산'이라는 뜻으로 부르게 된 이름이다. 또 두루마기를 한문으로 '주의(周衣)' 또는 '주막의(周莫衣)'라고 하는데, 이것은 '두루 막힌 옷'이라는 뜻이다.

민주지산을 무주군 설천면에서는 '째보산'이라고도 부르는 모양이지만, 이 산의 한문 표기는 역시 '산이름 민(岷)'자를 붙인[2] '민주지산(岷周之山)'이 제격이며, 실제로도 가장 많이 쓰이고 있다. 어쨌든 민주지산은 민주주의의 산이다. 산이 밋밋하여 부드럽고 덕스러우니 민주주의의 산이요, 깎아지른 바위나 험한 벼랑이 없으니 이 또한 민주적인 산이라고 해 두자.

민주지산에서 3킬로미터쯤 남쪽으로 내려가 석기봉을 지나면 유명한 삼도봉(三道峰)이 나온다. 이 봉우리가 충청북도(영동군), 전라북도(무주군), 경상북도(김천시)의 3개 도와 3개 시·군의 경계가 되므로 삼도봉이라고 하며, 이 봉우리의 이름은 1414년(조선 태종 14) 전국을 8도로 나누면서 생겨났으므로 유서 깊은 이름이라고 할 수 있다.

대화합의 삼도봉과 삼두마애불이 뜻하는 것

Y자형 산줄기의 중심이 되는 높이 1천 176미터의 삼도봉에는 세 마리의 용이 둥근 오석(烏石)을 받치고 있는 '대화합 기념탑'이 세워져 있으며, 1989년부터 3개 시·군 주민들이 매년 10월 10일 12시에 이 봉우리에서 만나 화합과 친목을 다지는 축제를 열고 있다.

이 화합의 축제를 마뜩치 않은 눈으로 보는 사람도 있는 모양이지만, 굳이 그런 것을 의식하지 말고 산 아래 사는 세 마을 주민들의 산신제 정도로 생각해도 될 것이다. 다만 '대화합 기념탑'이라는 이름은 '삼도봉 기념탑'으로 바꾸면 좋을 것 같다.

기왕에 삼도봉 이야기가 나왔으니 남한에 있는 삼도봉을 북쪽에서부터 차례로 정리해 보면 모두 4개가 된다.

· 삼도봉(三道峰) 1 : 1천 63미터, 강원도 영월군, 충북 단양군, 경북 영주시 (* 일명 어래산(御來山), 편의상 '어래산 삼도봉')

· 삼도봉(三道峰) 2 : 1천 176미터, 충북 영동군, 전북 무주군, 경북 김천시 (* 편의상 '민주지산 삼도봉')

· 삼도봉(三道峰) 3 : 1천 250미터, 전북 무주군, 경북 김천시, 경남 거창군 (* 일명 초점산, 편의상 '초점산 삼도봉'[3])

· 삼도봉(三道峰) 4 : 1천 550미터, 전북 남원시, 전남 구례군, 경남 하동군 (* 일명 날라리봉, 편의상 '지리산 삼도봉')

이 4개의 삼도봉 가운데서 가장 역사가 깊은 것은 민주지산 삼도봉으로 고(古)지도나 읍지 등에 민주지산은 나오지 않아도 삼도봉은 표기되어 있다. 나머지 삼도봉은 근래에 붙여진 이름으로 보인다.

그런데 민주지산과 삼도봉 사이에는 높이 1천 242미터의 석기봉(石奇峰)이 있다. 그리고 이 봉우리의 남쪽 50여 미터 아래, 무주군 설천면 대불리 중고개 쪽 암벽에 수수께끼의 마애불상이 새겨져 있다. 아마도 이 마애불 때문에 대불리(大佛里)라고 부르게 되었을 것

석기봉 아래의 삼두마애불

이다. 이 마애불상은 맨 위에서부터 머리—머리—머리—몸체로 되어 있으므로 '삼두마애불(三頭磨崖佛)'이라고 불리는데, 어느 시대에 누가 새겼는지 알 수 없으며 다른 곳에서 그 형식을 찾아볼 수 없는 독특한 불상이다.

이 마애불은 문헌에 소개된 자료도 없을뿐더러 사진 자료도 직접 가보지 않고는 구하기 힘들었는데, 당시 무주군청의 신호성 기획 감사실장이 소장하고 있던 사진을 선뜻 내주어서 마애불을 널리 알리는 데 쓰고 있다. 원래는 2005년 4월쯤 큰 마음 먹고 삼도봉의 삼두마애불을 직접 답사해 볼 계획을 세웠었다. 그런데 이 일대가 1998년 4월 2일 특전사 대원 6명이 폭설과 강풍으로 조난사를 당한 그 부근이라는 말을 듣고 등반을 포기하였다.

민주지산과 삼도봉과 삼두마애불.

산이 부드럽고 덕스러워서 민주적인 산이라던데, 어찌하여 이 땅의 젊은이들을 혹한으로 조난당하게 하였던고……. 또 이 나라에 4개나 되는 삼도봉은 지역을 나누고 편을 가르며 파당 짓기에 뛰어난 우리 민족의 편협한 역사를 나타내는 것 같기도 하다.

도산 안창호 선생은 "8도 강산이 다 내 고향"이라 하였고, 고당 조만식 선생은 "고향을 묻지 맙시다"를 제창하며 확산운동을 펴기도 하였는데, 이는 요즈음 이력서에 '본적' 난을 삭제한 것과 그 맥락이 닿는다. 사실 어느 나라나 지방색은 존재하게 마련이다. 가까운 일본도 간토(關東, 도쿄가 주축)와 간사이(關西, 오사카가 주축)의 지역 간 갈등이 뚜렷하고, 미국도 동부와 서부 간의 갈등이 있으며, 영국·프랑스·이태리 등 그 예는 얼마든지 있다.

> 오! 동은 동, 서는 서,
> 이 둘은 영원히 만날 수 없으리라.
> 땅과 하늘이 하나님의 거룩한
> 심판대 앞에 이윽고 서게 될 때까지는……

　이것은 영국 시인 키플링의 〈동서의 노래〉로서 동양과 서양의 융합이 어렵다는 것을 말한 시이다. 삼도봉 밑에 있는 삼두마애불이 머리는 셋인데 몸이 하나인 것은, '삼도봉 대화합의 축제'와 서로 통한다. 또 서로 다른 지역 사이의 화합이야말로 민주주의 실현의 요체이니, '민주지산'이 곧 민주적인 산이라는 말과 통하는 것 같다.

　지역 간의 차이, 세대 간의 차이, 계층 간의 차이를 인정하고 그것을 받아들일 때 이 땅에 진정한 화합이 이루어질 것이다.

---

1) 김장호, 《한국명산기》, 평화출판사, 1993.
2) 중국의 민산(岷山)은 양자강의 발원지로 알려진 산이다.
3) 초점산 삼도봉은 일반 지도나 지명 사전에 나오지 않으며, 《산》(2005년 5월호)의 부록 지도 '백두대간 대장정 5'에 표기되어 있다.

두 개의 대둔산과 대전시 둔산동
여러 곳의 대둔산과 둔산이 뜻하는 것

大芚山 屯山洞

'대둔(大芚)'은 큰 산을 뜻하는 우리말의 '한듬'

전라북도 완주군과 충청남도 논산시 금산군 경계에 충남과 전북의 도립공원으로 지정된 대둔산(大芚山)이 있고, 또 전라남도 해남군에도 전남의 도립공원으로 지정된 대둔산(大芚山)이 있다. 그리고 정부 제3청사가 자리 잡은 대전광역시 서구의 둔산동(屯山洞) 등 전국에 걸쳐서 '둔'자가 들어간 지명이 여러 곳에 분포하고 있다.

먼저 충남과 전북의 도 경계에 있는 높이 877.7미터의 대둔산은 바위기둥, 절벽, 암봉(岩峰)이 군집한 명산이다. 충남 금산군 쪽에 있는 이치(梨峙)대첩비는 임진왜란 때 당시 광주목사 권율(權慄)이 전라도 의병 1천 500명으로 왜적을 크게 무찌른 공을 기리고자 세운 비석이다.

전북 완주군 쪽에는 높이 81미터 길이 50미터의 금강 구름다리, 길이 40미터 127계단의 삼선구름다리, 그리고 1894년 동학농민운동 당시 동학군 지도자 25명이 일본군과 3개월 동안 치열한 항쟁을 벌이다가 1895년 2월 전원 옥쇄(玉碎)한 동학군 최후 항전지 등이 남아 있다. 또 충남 논산시 쪽에도 수락계곡과 석천계곡 등 뛰어난 명

대둔산 삼선구름다리

소가 곳곳에 어우러져 사철 관광객이 끊이지 않는 명산이다.

그런데 '대둔산'은 현지의 전북 완주군이나 충남 논산 지방에서 모두 '한듬산'이라는 이름으로 불린다. 한듬산, 한둔뫼, 한둠메 등은 같은 말을 듣기 나름에 따라 조금씩 다르게 쓴 것일 뿐이다. 곧 '대(大)'는 크다는 '한'의 뜻 새김이요, '둔(芚)'은 우리말의 '둔·둠·듬'과 같은 소리를 적기 위한 소리 새김일 뿐이다.[1]

여기서 둠·듬·둔은 두메 곧 큰 산이나 산골을 뜻하며, 두메는 흙무더기가 두두룩한 곳이나 불룩 솟아오른 곳으로 구(丘)·부(阜)·파(坡) 등과 통하는 말이다. 이에 대하여 논산 지방에서는 대둔산의 모습이 계룡산(鷄龍山)과 비슷하지만, 산태극수태극(山太極水太極)의 대명당을 계룡산에 빼앗겨서 한(恨)이 되었으므로 '한듬산'이라 부르게 되었다는 속전(俗傳)도 있다.

전라남도 해남군 삼산면에 있는 높이 703미터의 대둔산(大芚山)은 근래에 두륜산(頭崙山)으로 더 잘 알려져 있다. 이 산에 오르면 영암 월출산(月出山)과 강진만, 신안 앞바다가 한눈에 들어오고, 유명한 대흥사(大興寺)를 비롯하여 우리나라 차 문화의 성지로 알려진 일지암(一枝庵)과 구름다리 등 뛰어난 명소가 많다.

이 산 역시 현지에서 '한듬산'이라 불렸으며, 이것을 한자로 바꾸면서 오늘날 대둔산(大芚山)이 되었다. 대흥사도 원래 이름이 대둔사(大芚寺) 곧 한듬절이었다.

임진왜란 후 이곳이 "삼재불입지처(三災不入之處) 만고불파지지(萬

완주군 대둔산의 바위길

古不破之地)로서 종변귀의(宗邊歸依)할 곳이니, 나의 유물을 이 절에 보존하라"는 서산(西山)대사의 유언에 따라 이 절에 그의 유물을 보존하게 되었다. 이 절의 표충사(表忠祠)는 서산대사와 사명(四溟)대사, 처영(處英)대사 세 분의 큰스님을 모시는 사당이다.

둔산에 주둔한 여러 군부대와
새로 모여든 정부청사

해남의 대둔산은 언제부터인가 두륜산으로 바뀌었는데, 그것은 고기(古記)에 따르면 중국의 곤륜산(崑崙山) 줄기가 동쪽으로 흘러서 백두산(白頭山)을 이루고 이곳 해남에서 그 줄기가 다했으므로, 백두의 '두(頭)'와 곤륜산의 '륜(崙)'자를 합하여 '두륜산'이라 부른다고 한다.[2]

대흥사의 사적(寺蹟)을 《대둔사지(大芚寺誌)》라고 하며, 이 일대의 명소를 모아서 '한듬 18경'이라 한 것도 모두 산 이름 '한듬―대둔'과 일치한다.

간밤의 샛바람에 비가 묻어 뿌리더니
맑은 봄빛이 가련봉에 서렸구나.

두견아 너만이 울어 봄을 재촉하누나.

— 작자 미상, 〈사철의 한듬〉 가운데 '봄철의 시'

한편 대전광역시 서구 둔산동(屯山洞)은 근래에 대전의 신시가지가 되어 노른자위 땅으로 각광받는 곳이다. 둔산동에는 정부 제3청사가 들어섰고, 대전시청이 옮겨 오면서 대전시의 중심이 되었다.

이곳 둔산동의 '둔(屯)'도 앞에서 설명한 대로 대둔산의 '둔(芚)'과 같이 옛 말 듬·둔·둠을 적기 위한 음차(音借) 표기일 뿐이다. 단(旦)·탄(呑)·돈(頓)도 음차 표기로 두메, 즉 곡(谷)을 나타내는 말이다. 둔산동은 원래 둔지미(屯之尾)라고 불렸던 곳이다. 말하자면 둔산은 둠뫼, 둔뫼의 뜻이며 둔지미는 그 변형으로 보고 있는 것이다.[3]

그런데 이 둔산동의 '둔(屯)'을 한문의 자의(字意)대로 '둔칠 둔(屯)' 또는 '모일 둔(屯)'자로 해석하여, 오늘의 번영을 둔산이라는 이름이 암시하고 있다고 풀이하고 있다. 즉 이 부근에 삼관구사령부, 공군기교단, 육군통신학교 등의 군부대가 주둔하게 된 것과 둔산동의 이름이 신통하게 일치한다는 것이다. 더구나 둔산동에 정부 제3청사와 대전광역시청을 비롯한 여러 기관들이 모였으니, '모일 둔'자로 풀어도 맞아떨어진다고 하겠다.

물론 둔산동에 군부대나 정부청사 등이 들어오게 된 것을 우연의 일치라고 보면 그만이지만, 둔산동의 선사유적기념관에서 볼 수 있듯이, 이미 고대에 이곳으로 모여들었던 우리 조상들과 오늘날 둔산동 신시가지에 모여든 관청과 아파트와 거대한 문명의 행렬을 어찌

우연의 일치로만 돌릴 것인가.

　이름이 지닌 영성(靈性), 그 운명성과 예언성에도 귀를 기울여 보아야 한다.

---

1) 도수희,《한국지명연구》, 이회, 1999, 91 · 276쪽.

2) 국제불교도협의회,《한국의 명산대찰》, 1982, 302~316쪽.

3) 도수희, 앞의 책, 91쪽

여수시 향일암과 금오산
신령한 거북이 광명의 진리를 찾는 곳

向日庵 金鰲山

'첫새벽' 뜻하는 원효, 해 바라보며 수도하던 곳

우리나라 4대 관음기도도량으로는 양양 낙산사 홍련암(紅蓮庵), 강화도 보문사(普門寺), 남해 보리암(菩提庵), 그리고 여수 향일암(向日岩)을 꼽는다. 이들의 공통점은 모두 바닷가에 자리하고 있다는 점, 일출이나 일몰이 보기 좋고 조망이 뛰어나다는 점이다.

이런 곳에서 탁 트인 푸른 바다를 바라보고 있으면 머릿속이 시원해지면서 가슴이 뻥 뚫리는 것 같은데, 그것은 중단전(中丹田)의 오목가슴 부위에 뭉친 스트레스가 풀어지기 때문이란다.[1]

필자는 여수를 그동안 십여 차례나 다녀왔으면서도 향일암을 한 번도 가보지 못하다가 2007년 여름에야 아내와 함께 다녀오게 되었다. 절에 오르자마자 왜 진작 와보지 않았는지 후회가 되었다. 그만큼 남해 바다를 내려다보는 향일암의 조망은 일품이어서 같이 간 아내는 바다를 바라보며 한동안 일어설 줄을 몰랐다. 또 빽빽하게 들어선 동백나무들과 아열대 숲, 10여 개소에 달하는 천연 바위문(해탈문이라고도 함)과 절묘한 절의 배치가 탄성을 자아내게 하였다.

향일암 입구

　이렇게 바다와 절이 잘 조화된 곳이라면 우리 같은 속인도 금방 도
를 깨우칠 것만 같다. 망망한 바다 앞에서 인간은 작아지고 초라해지
고 선해지기 마련이다. 바다를 대하면 비로소 세계와 우주를 생각하게
되고, 겨자씨만 한 내 존재의 가벼움을 깨닫게 되기 때문이다.

　향일암(向日庵)이라는 이름은 또 얼마나 듣기 좋은가. '향(向)'한다
는 것은 참으로 좋은 일이다. 사랑하는 사람을 향해서건 궁극의 도
(道)를 향해서건 신앙의 목표를 향해서건 우리의 이웃을 향해서건 마

음이 쏠리고 가까이 간다는 뜻이니, 오늘날처럼 나 외에는 철저하게
무관심하고 자기중심적인 세태에 한 번쯤 새겨볼 만한 말이다.

향일암의 '일(日)'은 태양이므로 향일(向日)이란 해를 향한다는 뜻이
다. 그것은 떠오르는 해일 수도 있고, 광명과 진리 그 깨달음을 향한
불자의 마음가짐을 뜻하는 것일 수도 있다. 어두움을 밝혀 주는 태양
은 천지만물의 근본으로서 신화와 역사의 시작이 된다. 신라의 고승
'원효(元曉)'의 이름은 '첫새벽'을 뜻한다. 어두움을 밝혀 주는 광명의
새벽, 세속의 민중을 구제할 지도자라는 뜻도 있을 것이다. 그 원효
대사가 수도했다는 네모진 바위가 향일암 상관음전[2] 바로 앞에 있다.
바위 앞은 끝없이 드넓게 탁 트인 바다가 열려서 참으로 탄성이 나올
만큼 기막힌 곳으로 '원효대사 수도처'라는 팻말이 놓여 있다.

이미 속인들에게 전국적으로 널리 알려진 명소로서, 여수반도 남
쪽 돌산섬 끝에서 동쪽 바다를 향하고 있는 향일암 해돋이에 대하여
는 더 설명할 필요가 없을 것이다.

> 해야, 솟아라. 해야, 솟아라. 말갛게 씻은 얼굴 고운 해야 솟아라.
> 산 너머 산 너머서 어둠을 살라먹고,
> 산 너머서 밤새도록 어둠을 살라먹고,
> 이글이글 앳된 얼굴 고운 해야 솟아라.

박두진 시인의 유명한 시 〈해〉의 일부이다. 태양은 아득한 옛날부
터 어둠을 물리치는 광명의 상징이요, 날마다 티 없이 맑은 얼굴로

떠올라 세상을 새롭게 하는 희망이다. 내일이 존재하는 것은 바로 태양이 다시 떠오르기 때문이다.

금오산과 영구암, 신령한 거북이 형상의 산과 바위와 돌무늬

향일암은 659년 신라 선덕왕(백제 의자왕) 때 처음 원효대사가 원통암(圓通庵)이라는 이름으로 창건하였고, 958년 고려 광종 때 금오암(金鰲庵)으로 고쳤으며, 1712년 조선 숙종 때 금오산 동쪽에서 이곳으로 옮겨왔는데 이때 '해를 바라본다'는 뜻으로 향일암이라 불렀다고 한다. 이 절은 책육암(策六庵), 영구암(靈龜庵)이라는 이름도 갖고 있다.

금오암이라는 이름은 이 절이 높이 323미터의 금오산(金鰲山)에 자리잡고 있기 때문이며, 신령한 거북이라는 뜻의 영구암은 절 뒤쪽 바위가 거북이처럼 생겼기 때문이다. 그러나 책육암이라는 이름에 대하여는 그 유래를 확인할 수 없다.

이 향일암과 남쪽의 금오도(金鰲島) 일대는 다도해 해상국립공원으로 지정될 만큼 풍광이 뛰어난 곳인데 금오산이나 금오도, 영구암이라는 이름이 모두 자라나 거북이를 뜻하고 있어서 그 인연이 각별함을 알 수 있다.

그 내력을 살펴보면 금오산은 불공을 드리고 바다로 들어가는 자라(거북이)이고, 향일암 아래 동쪽 돌출부는 바다로 들어가는 자라의 머리라고 한다. 또 향일암 뒤에는 거북이를 닮은 거북바위가 있고, 향일암 일대의 수많은 바위들은 한결같이 거북이 등짝과 같은 줄무

향일암에서 내려다본 바다. 그 모습이 자라가 바다로 들어가는 듯하다.

늬가 있어서 신비롭다. 아마도 금오산의 '자라 오(鰲)'자나 영구암의 '거북 구(龜)'자가 이런 바위들의 특징 때문에 생긴 이름으로 보인다.

그런데 원래 지명에서 '감(가마)', '검(거모)', '금(그모, 금오)', '곰(고마, 고모)'과 같은 이름은 앞에서도 말했듯이 신성(神聖)이나 위대함 [大], 많고 큼[多大], 유현(幽玄)함 등의 뜻을 지닌 것으로 풀이하고 있다. 그리고 방위로는 대개 고을의 북쪽 또는 뒤를 의미하는 것으로 보고 있다.[3]

향일암이 해돋이 명소로 각광을 받으면서 그 아래 사하촌(寺下村)이라 할 수 있는 임포(荏浦, 찌개) 마을은 횟집촌과 토산품점(특히 갓김치)·모텔·식당 등이 들어와 작은 시가지를 이루고 있어 향일암 덕을 톡톡히 보고 있으나, 원래는 남해의 한산한 어촌이었다.

구름이 끼고 눈이 내리고, 비바람이 몰아쳐도 해는 늙지 않는다. 해는 빛과 열로써 어둠을 밝히고 추위를 몰아내며, 어김없이 떠오르는 약속의 징표이다. 그러기에 언제나 해를 향할[向日] 일이다. 절망과 좌절 속에서 헤맬 때에도 언제나 싱그러운 얼굴로 떠오르는 해는 내일의 희망이다.

  * 향일암은 2009년도에 화재로 주요 건물이 소실되어 지금 복구 공사중이다.

---

1) 〈조용헌 살롱─바다와 쇼핑〉(319회),《조선일보》, 2006. 12. 25일자.
2) 향일암은 관음기도도량답게 상관음전과 하관음전이 있다.
3) 도수희,《한국지명연구》, 이회, 1999, 29쪽.

서울 강남구 대치동

인생의 큰 고개를 넘어야 하는 대한민국 사교육 일번지

大峙洞

신작로 먼짓길 삼백여 리 걸어와서

재 넘어 샛길 산길에 들어서니

인가도 행인도 우는 새도 하나 없이

우거진 들국화만이 가을 하늘 아래

아름다웠다.

......

— 정한모, 〈고개머리에서〉 가운데서

사람의 일생은 고개를 넘는 것과 같다고 한 어느 일본 작가의 글이 생각난다. 고개에 오르막과 내리막이 있듯이 사람의 일생에도 기쁨과 슬픔, 환희와 절망의 영고성쇠가 이어지기 때문이다.

오늘날 이 땅의 젊은이들에게 큰 고개에 해당되는 것은 무엇일까. 바로 좋은 대학을 들어가는 일일 것이다. 좋은 대학을 들어가기 위하여 학부모와 당사자인 학생들이 쏟아붓는 열정은 우리나라가 세계 제일이라 하여도 지나친 말이 아니다.

대치동 학원가

'서울 강남 8학군'이라는 우리나라의 인위적인 학군제도도 그렇거니와, 초등학교를 입학하기 이전부터 시작되는 사교육은 서울이나 지방의 가난한 학생들에게는 엄청난 경제적 지원이 뒷받침되지 않고는 꿈도 꿀 수 없는 것이 우리네 교육 현실이다. 그 가운데서도 대학입학이야말로 이 땅의 청소년들이 넘어야 할 고개, 인생의 꿈을 걸고 넘어가야 하는 큰 고개일 수밖에 없다.

서울특별시 강남구 대치동(大峙洞)은 그전에 경기도 광주군(廣州郡) 언주면(彦州面)에 속한 지역으로서, 마을이 큰 고개 밑에 있어서 한티·한터·대치라고 불렸는데, 대치는 크다는 뜻의 한＝대(大)요, 고개를 뜻하는 티＝치(峙)가 되어 대치동이 된 곳이다.

오늘날 대치동은 '대한민국 사(私)교육 1번지'라고 불릴 만큼 학원이 많은 곳이다. 국내에서 내로라하는 종로학원, 토피아학원, 예일학원 등 모두 615개의 학원이 몰려 있으며, 서울에서도 제일의 학원가를 형성하고 있다.

이곳에는 널리 알려진 스타강사나 전문강사 등이 몰려들고, 지방에서 학원 수업을 듣고자 올라온 학생들로 북새통을 이룰 뿐만 아니라, 수강료도 천차만별이어서 대치동에 부는 진학바람은 전국 제일의 학원바람이라고 할 수 있다.

초등학교 과정에서 고등학교 과정까지 각종 학원이 즐비하고, 학원에 들어가는 것도 전쟁에 가깝다고 한다. '전쟁'이란 말이 나왔으니 하는 말이지만, 강원도 철원의 '철(鐵)의 삼각(三角)지대'가 6·25의 격심한 전쟁터였고, 서울 용산의 '삼각지(三角地)'는 '전쟁기념관'이 들어서서 '전쟁'과의 인연을 강조하고 있는데,[1] 대치동은 서울의 '학원 삼각(三角)특구'로 불리고 있단다. 이곳 대치동과 양천구의 목동(306개 학원), 노원구 중계동(271개 학원)을 이으면 삼각의 축을 형성하기 때문이다.[2] 말하자면 대치동은 청소년들의 진학을 위한 전쟁터이며, 대학 진학을 위하여 넘어야 하는 오르막길, 그 큰 고개를 뜻하는 것 같다.

어쨌든 대치동은 세계가 인정하는 한국의 사교육 열풍을 한눈에 볼 수 있는 현장이라고 할 수 있다. 허둥거리는 이 나라의 교육정책과 세계 제일이라 말할 수 있을 정도로 과열된 학부모의 교육열, 곧 관민 합작으로 비틀어지고 꼬인 우리나라 교육의 실상을 그대로 보여주는 곳이다.

그래서 '대치동(大峙洞)'이 필자에게는 자꾸 '대치동(對峙洞)'으로 인식된다. 마치 대학교 정문을 사이에 두고 학생과 대학 당국이 서로 대치하는 듯이 느껴지는 것이다.

---

1) '각(角)'은 뿔로서 싸움 곧 전쟁을 상징한다. 신라의 관직명 가운데 '뿔 각(角)'자가 들어가는 직위는 대개 무인(武人)과 병(兵)을 다루는 직업인데, 이는 짐승의 뿔이 싸움에 쓰이는 데에서 비롯된 것이다.
2) 《조선일보》 2009. 1. 29일자 '학원 삼각특구'에 관한 보도 참조.

설악산 울산바위

이제 실향민과 러시아 재외동포 들의 울음을 뜻하는 듯

내 죽으면 한 개의 바위가 되리라

아예 애련에 물들지 않고

희로에 움직이지 않고

비와 바람에 깎이는 대로

억년 비정의

함묵에

안으로 안으로만 채찍질하여

드디어 생명도 망각하고

흐르는 구름

머언 원뢰

꿈꾸어도 노래하지 않고

두 쪽으로

깨뜨려져도

소리하지 않는 바위가 되리라

— 유치환, 〈바위〉

울산바위

그러나 위의 시와 달리 스스로 소리하는 바위가 있으니, 그 바위가 바로 설악산 울산바위이다.

이 바위는 설악산의 외설악에 있다. 병풍같이 솟은 이 거대한 바위는 하나의 큰 산을 이루고 있는데, 동양에서는 가장 큰 돌산이라고 한다. 이 산은 사면이 절벽으로 되어 있고 높이가 950미터나 된다. 속초시 설악동의 신흥사에서 계조암 흔들바위와 808계단을 열심히 올라야 하며, 행정구역으로는 고성군 토성면 원암리에 속한다.

옛 문헌에 따르면, 정상에는 여섯 개의 거대한 돌 항아리가 있는데, 항아리 속에는 몇 천 년 전부터 빗물이 괴어 있으나 그 물빛이 조금도 더럽혀지지 않고, 또 그 냄새도 나지 않아 신령한 샘으로 여겨져왔다고 한다.

그런데 왜 '울산'바위라고 부르게 되었을까?

설악산에 천둥이 치면 그 소리가 이 바위산에 부딪쳐 마치 울부짖는 듯한 소리를 내므로 '울산' 또는 천후산(天吼山)이라 하였으니, 울산은 경상도의 울산(蔚山)이 아니라 명(鳴)의 뜻으로 '우는 산'을 의미한다. 그런데 후대에 경상도 '울산'으로 인식되어 여러 가지 재미있는 이야기가 생겨난 것이다.

오랜 옛날 신선이 금강산에 놓을 바위 봉우리 1만 2천 개를 전국에서 모집하였는데, 당시 울산에 있던 이 바위도 그 소식을 듣고 금강산으로 가려고 길을 떠났다. 그러나 워낙 몸이 커서 걷는 데 시간이 걸려 이곳까지 왔다가 이미 금강산에 1만 2천 봉이 모두 채워졌다는 소식을 듣게 되었다. 그래서 울면서 이곳에 주저앉아 버렸다는 것이다.

이런 종류의 산봉우리나 바위가 강을 따라 떠내려 왔다든지, 돌이 옮겨 왔다든지 하는 민간설화는 여러 곳에 보이고 있다. 또 해안에는 바윗돌이 물결을 따라 흘러오다가 멈추었다는 표착석(漂着石) 이야기는 한·중·일 삼국에 분포하고 있다.[1]

그 뒤 울산현감이 이 바위에 대한 세금을 해마다 설악산 신흥사 주지로부터 받아갔는데, 세금 때문에 골치를 앓던 주지는 한 동자승의 계교로 울산현감에게 "이 바위를 도로 가져가든지, 아니면 바위가 앉은 곳의 자릿세를 내라"고 역습하여 세금을 면하게 되었다는 이야기도 전해진다.

오늘날 울산바위는 속초항을 오고가는 러시아와 중앙아시아 일대의 재외 동포들의 울음을 뜻하는 울산바위가 되었고, 또 속초시 아바이 마을 실향민들의 울음, 금강산 관광이 중단되어 다시 가볼 수 없게 된 슬픔을 뜻하는 울산바위가 되었다.

1) 동아출판사, 《한국문화상징사전 1》, 1996, 224쪽.

평창군 발왕산과 가리왕산

허공에 발 딛을 수 있나? 산은 우리들 삼생(三生)의 고향

發旺山 加里旺山

밝고 양지바른 발왕산, 왕성한 기운 뽐내는 산

'불한당(不汗黨)'이라는 말이 있다. '떼 지어 몰려다니면서 행패를 부리는 무리'라는 것이 사전적 풀이다. 그런데 불한당의 어의(語義)는 '땀을 흘리지 않는 무리'이다.

땀! 농부에게 수확의 기쁨이 그 흘린 땀에서 나오듯이, 등산의 기쁨도 또한 그 흘린 땀으로 이야기할 수 있을 것이다. 땀 흘리고 헐떡거리며 산 정상에 올라선 기쁨을 무엇으로 표현할 것인가. 땀은 고등동물만 흘릴 수 있는 특권이기도 하지만, 땀이야말로 인간이 지구위의 수많은 생물 가운데서 그 등정(登頂)에 나서게 된 원동력이라고 할 수 있을 것이다.

명산을 곤돌라 타고 너무 쉽게 올라온 불한당(?)에 대한 산신령의 시새움이었을 것이다. 밑에서는 맑았던 날씨가 용평리조트에서 곤돌라를 타고 발왕산 드래곤피크에 내리자, 온통 안개가 자욱하고 비바람이 몰아쳐서 10미터 앞도 분간할 수 없었다.

땀 한 방울 흘리지 않고 표고(標高) 1천 458미터의 발왕산 정상 부

발왕산

근에 내 육신을 공짜로 얹어 놓았으니 산신령이 노할 만도 한 것이다.

사람들은 자동차를 타고 바퀴로 굴러가거나, 스키를 타고 미끄러지거나, 곤돌라와 같이 쇠 동아줄에 대롱대롱 매달려가거나, 혹은 한 걸음 한 걸음 걸어서 이동한다. 그러나 이 가운데 어느 것도 대지, 곧 땅을 떠나서 이루어질 수 없다. 우리는 허공에 발을 딛을 수 없으며, 허공에서 스키를 탈 수도 곤돌라를 탈 수도 없기 때문이다.

발왕산(發旺山)은 용평 스키장을 껴안고 있는 산이다.

강원도 평창군 도암면 용산리, 수하리와 진부면 봉산리의 경계가 되는 산이며 전국 최대 규모의 스키장, 드래곤밸리 호텔, 용평리조트 등 부대시설들이 잘 갖추어져 있다.

용평리조트에서 남쪽 발왕산 정상부까지는 왕복 7.4킬로미터로 아시아에서 가장 긴 곤돌라 운행구간이며, 18분이면 정상 부근의 드래곤피크까지 올라갈 수 있다. 본래 '임금 왕(王)'자의 '발왕산(發王

山)'이었을 터인데, 조선 후기와 일제를 거치면서 지금의 '발왕산(發
旺山)'이 되고 말았다.

전해지기로는 이곳에 임금이 나올 명당자리가 있어서 '발왕산'이
라 부른다고도 하고,[1] 또 산 모양이 바랑(중이 등에 지고 다니는 자루 모
양의 배낭)처럼 생겼기 때문이라고도 한다.

그런데 발왕산의 '볼'은 해뜨는 것을 먼저 볼 수 있는 밝은 산, 광
명의 산, 곧 이 땅 곳곳에 남아 있는 '발', '바라', '불', '부루', '벌', '비
로', '보름' 등과 같은 말 뿌리로서 붉+앗+뫼 〉 바랏뫼 〉 바랑뫼 〉 발
왕산이 되었을 것으로 보이며, 그 뜻은 밝은 산, 양지바른 산으로 풀
이되기도 한다.[2]

강원도에서도 특히 눈이 많은 발왕산은 스키장으로서 좋은 조건
을 갖추고 있지만, 용평 스키장의 힘은 '발왕산'이라는 그 이름에서
나오는 것 같다. 겨울철에 이 산기슭에서 스키나 스노보드를 즐기
는 수많은 젊은이들이 왕성한 기운[旺]을 뿜어내면서[發] 산록을 질주
하는 모습을 보라. 그러면 발왕산이라는 이름이 지니는 의미를 금방
떠올리게 될 것이다.

가리왕의 대궐 터와 임금께 진상된 가리왕산 산삼

비 온 뒤의 무성한 풀은 마을 길에 가득하고
구름을 거두니 푸른 산은 지붕 모서리에 당했네.

가리왕산

《신증동국여지승람》에 나오는 평창 고을의 승경(勝景)을 노래한 옛 시이다. 산이 많은 강원도에서도 '영평정(寧平旌)'은 더더욱 산골로 꼽힌다. 영월, 평창, 정선의 세 고을은 그만큼 산골이라는 뜻이다.

가리왕산(加里旺山)은 강원도 평창군 진부면과 정선군 정선읍의 경계가 되는 표고 1천 561.8미터의 산으로 발왕산의 남쪽이 된다. 이 산도 발왕산처럼 본래 '가리왕산(加里王山)'이었을 터인데, 조선 후기와 일제를 거치면서 가리왕산(加里旺山)으로 이름이 바뀌어 '임금 왕(王)'자가 '왕성할 왕(旺)'자로 바뀐 곳이다.

옛날 맥국(貊國)의 가리왕(加里王)이 전란을 피해 이곳으로 들어와 성을 쌓고 머물러서 가리왕산이라 부른다고 하며, 이 산 북쪽의 평창 군 진부면 장전리 대궐터 마을은 그때 가리왕이 대궐을 짓고 머물렀 던 곳이라고 한다.

그런데 강원도 인제·평창 지방에서 '가리'는 '거리(巨里)'의 방언으로 취락이 형성된 마을을 나타내고 있다. 이를테면 인제의 방태산 밑에 있는 '삼둔오갈'을 병이나 재앙이 들어오지 못하는 '삼재불입지처(三災不入之處)'라고 하는데,[3] 여기서 '삼(三)둔'은 살둔·월둔·달둔의 세 마을이요, 오(五)갈은 아침가리·연가리·곁가리·적가리·명지가리로서 '가리'도 모두 마을을 나타내고 있다. 따라서 가리왕산의 '가리왕(갈왕)'도 대궐이나 큰 마을, 혹은 도읍지의 의미로 사용된 것으로 보이며 이 산은 그 뒷산이나 수호산으로 인식되었을 것이다.

그리고 가리왕산은 '임금'과 관련된 또 다른 사연이 있다.

이 산 남쪽의 마항재(馬項嶺, 말목재)에는 옛날 강릉부에서 세운 '강릉부 산삼봉표(山蔘封標)'가 지금도 남아 있다. 가리왕산이 워낙 산삼이 많이 나는 곳이었으므로 일반 백성들에게 산삼 채취를 금하는 팻말을 세워놓았던 것이다.[4]

말하자면 가리왕산의 산삼은 임금께 진상되는 어용 산삼이었으며, 이 산은 그 전용지였던 모양이다. 또 가리왕산은 왕곰취와 두릅 등 산나물이 유명한데 특히 왕곰취는 가리왕산의 명물로 맛과 향이 뛰어나다고 한다. 이 '왕곰취'는 옛날 가리왕의 식탁에도 올랐으리라.

맑은 날 이 산에 오르면 북쪽의 발왕산, 오대산, 고루포기산을 비롯하여 삼척의 청옥산, 횡성의 태기산, 멀리 태백의 태백산, 그리고 더 남쪽 영주의 소백산까지 보인다고 한다.

산은 언제나 거기 그대로 있으면서 사람들에게 아낌없이 베푼다. 사람들은 그 산 아래에서 산에 기대어 살고, 죽어서 산자락에 묻힌다. 발왕산 기슭에서 스키를 타는 젊은이들이나 가리왕산에서 산삼을 캐고, 왕곰취 나물을 뜯는 사람들이나 모두가 한가지로 산의 은총을 입고 산다.

우리는 어디서 왔다가 어디로 가는가? 어떻게 살아왔으며, 또 어떻게 살아갈 것인가? 산의 숲과 나무와 가랑잎과 흙과 바위와 바람과 푸른 하늘은 나와 별개가 아니다. 우리는 죽을 때까지 산과 함께하며, 그리고 죽음 이후에는 산의 흙으로 돌아가야 하는 것이니, 산이야말로 우리들의 삼생(三生)의 고향과 같은 곳이다.

* 지난 2002년 토지지리정보원에서 발왕산(發旺山)을 발왕산(發王山)으로 이름을 바로잡았다.

1) 한글학회,《한국지명총람 2》(강원편), 483쪽.

2) 배우리,《우리 땅이름의 뿌리를 찾아서 1》, 토담, 1994, 49쪽.

3) 박용수,《우리의 큰 산》, 산악문화, 2001, 101쪽.

4) 위와 같음.

금강산의 바위새김

다이아몬드에 새긴 문신, 훼손된 삼신산(三神山)

金剛山

보석 가운데서도 가장 대표적인 것은 다이아몬드이다. 인간이 지금까지 발견한 천연 물질 가운데 가장 단단한 보석. 이 다이아몬드를 우리는 금강석(金剛石)이라고 부른다. 그렇다면 쇼윈도에 진열되어 있는 보석이 아니라 자연 그대로 살아 있는 보석, 금강산(金剛山)이야말로 어떤 모조품도 용납하지 않는 청정무구(淸淨無垢)한 보석이다.

이 금강산 바위에다가 글자를 새기는 것은 곧 금강석에다가 글자를 새기는 것인데, 금강산에는 십리 밖에서도 보일 정도로 큰 글자를 비롯하여 "주체사상만세", "김일성만세" 등 찬양과 구호와 선전 일색의 글들이 곳곳에 새겨져 있다. 그 단단한 금강석에 글자를 새겨 넣는 북한 사람들의 재주를 탄복하기 전에 최남선이 그랬듯이 '세계의 산왕(山王)'으로 극찬했던 삼신산(三神山)의 하나가 훼손되어 가는 모습을 보면서 안타까움과 서글픔을 느끼는 것은 필자 혼자만의 소회가 아닐 것이다.

금강산의 바위새김

형법 가운데 산림에 숨어들어 나무를 베고, 돌을 허무는 것은 다 일정한 형벌을 가한다는 조항이 있는데, 이제 속된 선비들이······청산과 흰 돌이 무슨 죄가 있기에 까닭 없이 그 얼굴에 형벌로 글자를 새기고, 그 살을 찢어 놓으니, 이 또한 어질지 못한 일이로다.

이것은 순조 때 한 선비가 금강산의 바위에 새겨진 글을 보고 개탄하여 쓴 글이다. 조선시대에 도둑질이나 간음한 죄인의 얼굴에 문신하는 형벌을 가리켜 자자(刺字) 또는 자문(刺文)이라 하였다. 금강산이 무슨 죄를 지었기에 곳곳에 글자를 새기고 있는 것일까. 천하 명산에 글자를 새기는 것은 대자연을 향한 칼질이요, 그런 짓을 하는 이는 명산에 칼을 휘두른 자객(刺客)이 되는 셈이다.

예로부터 우리 조상들은 산이 하늘과 가장 가까운 곳으로 하나님의 하강처이자 신을 모시는 성역으로서 삶과 죽음을 뛰어넘어 영적 신성(神聖)을 지녔다고 보았다. 그렇기에 우리 민족의 산악숭배 신앙이 여기서 비롯되었고, 거석문화도 같은 맥락에서 이해된다. 또한 헤르만 헤세는 산을 "돌 하나하나가 모두 완성되어 있는 것"이라 하였는데, 이것은 동양적인 수석(壽石)의 취미와도 통한다.

금강산 바위들은 하나하나가 모두 억만 년을 비와 눈과 바람에 씻기면서 지고무상(至高無上)한 깨달음을 얻은 바위요, 열반에 든 부처와 같다.

금강산에는 봄 여름 가을 겨울 사계절에 맞추어 네 개의 이름이 있다. 그 가운데도 봄철의 이름이 '금강산'이며, 이것이 산의 이름을 대표하고 있다. 이미 고려 때부터 중국 사람들이 "원생고려국(願生高麗國) 일견금강산(一見金剛山)"이라 하였으니, 그 뜻은 "원컨대 고려국에 태어나서 금강산 한 번 보고 지고"이다.

원래 '금강'은 불교의 금강경(金剛經)에서 나온 말이다. 불타의 견고한 가르침, 그 단단하고 흔들림 없는 깨달음을 나타내는 말이니, 금강산이라는 이름 자체가 불가의 이름인 것이다.

금강산의 여름철 이름은 '봉래산(蓬萊山)'이다. 방장산(方丈山, 지리산)과 영주산(瀛洲山, 한라산)과 함께 삼신산의 하나로 꼽히는 이름인데, '봉래'는 여름철 다북쑥[蓬]이 무성하게 우거진 모습을 나타내지만 한편 신선이 사는 선계(仙界)를 뜻한다. 가을철 이름인 '풍악산(楓嶽山)'은 글자 그대로 단풍이 물든 금강산의 절경을 나타내며, 마지막으로 겨울철 이름인 '개골산(皆骨山)'은 산에 잎이 다 지고 흰 뼈(바위)만 남은 겨울의 금강산 풍경과 잘 어울린다.

언젠가 지워져야 할 금강산의 저 수많은 흉터들. 그 많은 상처를 흔적 없이 아물게 할 방법이 있을까. 북한에서는 꼭 기념해야 할 일이 있다면, 바위에 글자를 새길 것이 아니라, 그 자리에 안내판을 세워 기록을 남기면 될 것인데도 묘향산이나 칠보산 등 명승지마다 바위에 새겨 남겨놓은 모양이다.

이 문제를 해결하기 위해 우리 환경단체와 언론도 함께 나서서 북한의 명승지에 대한 바위새김을 중단하도록 촉구하는 한편, 유엔이나 세계 자연보호기구 등을 통하여 이를 권고하는 대책을 세워야 할 것이다.

정치적인 이유로 북한의 눈치만 보며 넘어갈 일이 아니다. 금강산 곳곳에 새겨진 상처투성이의 바위새김들을 그대로 둔 채 어떻게 '천하 명산'이라 하여 후손에게 물려줄 것인가. 생각해 보면 참으로 가슴 답답한 일이다.

합천군 야로면과 불무골
2천 년 전부터 쇠를 만들었던 제철산업의 대장간

冶爐面

쇠는 고대국가의 강성함과 부국의 상징

《삼국유사》를 보면 신라 제4대 임금 석탈해(昔脫解)는 왕이 되기 전에 스스로 대장장이의 후손임을 자처하고 꾀를 써서 서라벌 호공의 집터를 빼앗는다. 이는 석탈해가 철기 곧 쇠를 다루는 지배자 계급이었음을 암시하는 것이다.

고대에 쇠는 그 자체만으로도 집단의 강성함을 상징하였다. 쇠는 쇠붙이라 하여 모든 금속류를 통칭하면서 그 견고함과 날카로움 때문에 모든 병장기 재료 가운데서 으뜸을 차지하였고, 쇠로 만든 칼과 창, 화살촉, 도끼, 투구와 갑옷 등은 무력과 전쟁을 상징하였다.

이와 함께 쇠가 지닌 금속성의 차가운 이미지는 냉혹함, 잔인함, 비생명성, 비인간성을 뜻하면서 패자(覇者)의 가혹한 통치[1], 전쟁과 살인의 도구, 그리고 비정함을 나타내기도 하였다.

껍데기는 가라.

한라에서 백두까지

향그러운 흙 가슴만 남고

그, 모오든 쇠붙이는 가라.

— 신동엽, 〈껍데기는 가라〉 가운데서

철모나 철갑이나 철조망처럼 쇠로 만든 것들의 비생명성, 그리고 사람을 죽이는 무기와 함께 쇠 자체가 전쟁으로 인식되었기에 시인은 이 땅에서 그 모든 쇠붙이를 거부한 것이다.

그럼에도 철기 — 쇠의 발견과 사용은 인류의 문명을 크게 향상시켰다. 철기의 융성이 부족국가의 국력을 키웠고, 인간의 힘을 강하게 하였으며, 농업생산력을 비롯하여 경제력을 드높였다. 말하자면 인류문화사에서 쇠를 만들기 위한 채광(採鑛), 야금(冶金), 주철(鑄鐵) 기술은 곧 그들의 문화수준 향상과 함께 정복국가의 출현을 가능하게 했던 것이다. 기원전 1세기부터 서기 3세기 무렵까지 이 지역 낙동강 하류의 김해와 합천 등지에서도 철을 제련하고 철기를 주조하였으며, 이에 대한 기록이 중국의 역사책《삼국지》 위지 동이전 등에 보인다.

이 쇠를 만드는 장인이 대장장이요, 쇠를 만드는 곳이 대장간이다. 대장간에서는 철·구리·주석 등 금속을 달구고 두드려 연장이나 기구를 만드는데, 이 대장장이를 가리켜 딱쇠·대정장이·성냥·바지·야장(冶匠)·철장(鐵匠)이라고도 하였다. 대장장이는 또 놋쇠를 다루는 유철장(鍮鐵匠), 무쇠를 다루는 수철장(水鐵匠), 보통의 쇠를 다루는 주철장(鑄鐵匠)으로 구분되기도 하였다.

한편 '야로(冶爐)'는 원래 대장간의 풀무를 가리킨다. 풀무란 불을

야로면 면사무소

피울 때 바람을 일으키는 기구로서 이를 사용하여 쇠붙이를 불에 달
구므로, '야로'는 야철지(冶鐵地) 또는 단야지(鍛冶地)로 고대의 대장
간을 나타내는 말로 쓰이기도 하였다.

경상남도 합천군에 야로면(冶爐面)이 있다. 또 이곳 면소재지인 야
로리에 돈평(遯坪) 마을이 있고, 이 마을 뒤의 산 밑에 불미골이 있다.
그리고 야로리에서 유명한 해인사(海印寺) 쪽으로 지방도 1084호를
따라 5킬로미터쯤 달리면, 야로면 하림리에 '쇠정들'이라는 조그만
들이 나온다.

옛 대장간 뜻하는 야로(冶爐)와 불미골의 야철지

그런데 '야로'를 이야기하기 전에 먼저 '합천'을 언급해야겠다. 조선 말기 대원군 시절에 황해도 배천(白川) 고을의 원님으로 부임하려는 선비가 있었다. 그가 대원군에게 부임 인사를 올리려 왔는데, 이 선비가 '배천'을 '백천'이라고 말하였다. 이에 대원군이 그 선비를 파직시키는 바람에 부임도 하지 못하고 쫓겨났다. 대원군은 이 선비를 파직시킨 이유를 "언행이어중(言行異於衆)"이라는 말로 설명하였다.

비록 한문으로는 '백천(白川)'이지만 사람마다 '배천'으로 발음하는데, 어찌 그대만 '백천'이라 불러야 하느냐는 뜻이다. 마찬가지로 합천도 '협천(陜川)'으로 쓰지만 지명 관례에 따라 '합천'으로 읽어야 된다는 뜻이다.

야로면의 '야로'라는 이름은 앞에서 말한 바와 같이 고대사회에서 쇠로 연장을 만들던 대장간이 있었던 곳이기 때문에 붙여진 것이다. 이곳 야로리 2구의 돈평 마을 뒤 (축사 뒤쪽) 골짜기를 현지에서는 '불맷골' 또는 '불미골'이라 부르고 있으며, 옛날 쇠똥(쇠를 구웠던 흔적) 같은 것들이 나오고 있다고 한다.[2]

불미골은 대장간의 화로를 뜻하는 풀무골의 방언으로, 이곳이 고대의 야철지이므로 '야로'라는 이름이 여기서 비롯된 것이며, 이런 자료에 근거하여 합천군에서도 5천여 만 원을 들여서 이 지역에 관한 고대 야철지의 기초 조사를 실시할 예정이라고 한다.

한편 야로면 하림리의 '쇠정들'은 본래 무쇠를 만드는 쇠점이 있었던 곳이다. 지금도 쇠정들 동쪽을 '점 앞'이라 부르고 있는데,[3] 여기

불미골 원경

서 '점'이란 오늘날처럼 물품의 매매소를 뜻하는 것이 아니라, 물건을
만들어내는 제조소 또는 공작소로서 옛날의 철기 생산지를 말한다.

합천 지방에서는 쌍책면의 옥전(玉田), 반계제 등에서 쇠로 만든
갑옷이나 투구, 심지어 말이 쓰는 투구나 비늘갑옷 등 각종 철제류가
출토되고 있어서 이 지역이 고대사회 때 쇠의 생산지였음을 나타내
고 있다. 그러니 '야로'라는 이름 또한 아무 까닭 없이 내려온 이름이
아니다.

또 한 가지는 야로현이 본래 신라의 적화현(赤火縣)이었다는 사실
이다. 757년(경덕왕 16) 신라에서 전국의 행정구역을 새롭게 개편할
때 야로현으로 고친 것이다. 그런데 '적화(赤火)'라는 이름도 대장간
의 붉게 일구어진 불을 나타내는 이름이어서, 이 지역이 쇠를 만들어

낸 역사가 오래되었음을 알 수 있는 것이다.

우리나라의 제철공업은 세계 여러 나라가 인정할 만큼 그동안 눈부시게 성장하였다. (주)포스코(포항종합제철)와 광양제철은 세계적으로 알려진 제철 생산 업체가 되었다. 그러나 이미 2천여 년 전부터 우리는 광석을 캐내고 제련하여 쇠를 만들었으며, 멀리 일본에까지 철기를 공급하였던 민족이다.

야로면 야로리와 불무골, 쇠정들 등의 이름이 그것을 나타내는 역사의 살아 있는 증거들이다.

---

1) 지배자의 가혹한 통치를 뜻하는 말로서 '철권(鐵拳) 통치'라는 말이 있다.

2) 방신정(합천군 야로면 사무소 공무원), 정덕수(야로 2구 돈평 마을 이장)의 증언.

3) 한글학회, 《한국지명총람 10》(부산, 경남편), 1988.

울산시 서생면과 간절곶

먼저 해뜨는 땅, 새벽의 땅을 뜻하는 이름

西生面

옛 이름 '생서량'과 '동안'은 '새벽 땅'을 뜻함

동천이 불그레하다. 해가 뜬다. 시뻘건 욱일(旭日)이 불쑥 솟았다. 물
결이 가물가물, 만경창파(萬頃蒼波)엔 다홍물감이 끓어 용솟음친다.
장(壯)인지, 쾌(快)인지 무어라 형용하여 말할 수 없다.

이것은 박종화의 수필집 가운데 〈청산백운첩(靑山白雲帖)〉에 나오
는 일출 묘사이다.

우리나라에서 해가 가장 먼저 뜨는 곳은 어디일까. 지난 2000년 1월
1일 새천년 첫 일출 시각에 대한 당시 국립천문대의 발표에 따르면 그
곳은 울산광역시 울주군 서생면 간절곶이다. 다음은 우리 남한에서 해
가 일찍 뜬 곳을 말하고 있다.

· 서생면 간절곶 : 07시 31분 17초   · 부산 해운대 : 07시 31분 37초

· 포항 호미곶 : 07시 32분 22초   · 강릉 정동진 : 07시 38분 52초

· 제주 일출봉 : 07시 36분 08초   · 서울 남산 : 07시 46분 42초

위의 표에서 알 수 있듯이 간절곶은 포항의 호미곶이나 강릉의 정동진, 제주의 성산 일출봉보다 한반도에서 가장 먼저 해가 뜨는 곳이다.

왜 그럴까. 그것은 동남쪽에서 떠오르는 태양의 방위에 이곳이 가장 가깝기 때문이지만, 그보다도 지명 그대로 이곳이 '간절곶'이기 때문이라고 필자는 생각한다. 지구의 어느 곳인들 해 뜨는 것을 기다리지 않겠느냐마는, 이곳은 그야말로 '간절'한 마음으로 일출을 기다리는 곳, 즉 간절곶이기 때문이라고 해두자.

간절곶 우체통

그런데 서생면 간절곶이 먼저 해가 뜨는 곳이라는 사실을 옛 이름이 증명하고 있으니, 옛 사람들의 '명불허전(名不虛傳)'이라는 말을 이곳에서 다시 확인하게 된다. 서생(西生) 지방은 신라 때부터 한 고을로서 생서량군(生西良郡)이었으며, 지금의 이름인 '서생'은 '생서'의 도치(倒置:옛 지명 중에는 지명이 도치된 경우가 더러 나타난다)이다.

통일 신라 때인 757년(경덕왕 16) 전국의 지명을 당나라 식으로 개편할 때 이곳을 동안군(東安郡)으로 고쳤다. 그 뒤 이곳을 1018년(고

려 현종 9) 울주에 합하였고, 조선시대에는 이곳에 서생포진을 설치하고 수군을 배치하였다.

여기서 옛 이름인 '생서량(生西良)=동안(東安)'의 대응관계를 풀이하여 보면 생(生)은 동(東)이며 '새'(새벽)를 뜻한다. 서(西)도 '새'를 나타내는 중첩음이며, 량(良)은 그 고음(古音)이 '라'로서 양(壤)·나(羅)·랑(浪)·낙(洛) 등이 모두 나라[邦]를 뜻하는 이름으로 사용되었다.

그러므로 생서량이라는 이름은 효량(曉良)과 서량(曙良)으로서 동쪽의 땅, 해뜨는 땅, 새벽의 땅을 뜻하는 것이다.

임진왜란 때 서문(西門, 生門)으로 나간 사람은 살아

서생면에서도 가장 해가 먼저 뜨는 간절곶은 서생면 대송리의 동쪽 끝에 있다. 동해안의 유명한 돌출지인데, 먼 바다로 나간 어부들이 동북쪽이나 서남방에서 이곳을 바라보면, 마치 간짓대처럼 바다로 길게 뻗었으므로 간질끝이라 부르다가 일본인들이 자기네 식대로 '간절갑(艮絶岬)'이라 적었다. 1920년대에 일본인들이 세운 간절곶 등대가 서 있다.

한편 임진왜란 때 왜적은 고작 2개월 만에 평양을 함락하는 등 이 땅을 유린하다가 명나라가 참전하자 후퇴하기 시작하였다. 그들은 전라도 순천에서 이곳 서생에 이르기까지 18개의 성루(城壘)를 쌓았는데, 이 서생포 왜성은 그때 왜장 가토 기요마사가 아사노 유키나가와 함께 쌓은 성이다. 그래서 사명대사가 왜적과 담판을 짓고자 네 번이나 방문했던 곳이기도 하다.

그러므로 '서생'이라는 이름에 대해서도 이 전쟁과 관련하여 풀이하는 이야기가 있다. 그때 왜적이 물러가자 명나라 제독 마귀(麻貴)가 성의 축성법을 살펴보고 나서 말하기를 "생재서고(生在西故), 당작서생(當作西生)……", 즉 "서문으로 나간 사람은 살 수 있었다"고 하여 그 뒤로 '서생'이라 부르게 되었다는 것이다.

그러나 이미 조선 초기에 '서생포만호'라는 직함이 나타나고 있으므로, 이 이야기는 서생성(西生成)을 더 신비스럽게 하려는 작위적 풀이로 보고 있다. 이 밖에 이 성이 8문법(八門法)에 따라서 축조되었으며, 그 가운데 생문(生門)이라 하여 서쪽에 한 문을 두고 출입하였기 때문이라는 설도 있다.

한편 서생면 화정리 북쪽을 흐르는 강을 일승강(一勝江) 또는 회야강(回夜江)이라 한다. 회야강은 울산 지방에서는 널리 알려진 강이며, 임진전란의 역사가 물들어 있는 강이다. '일승강'이라는 이름은 글자 그대로 한 판의 싸움에서 이겼다는 뜻이다.

제1차 울산 도산성 싸움 때의 일이다. 조명(朝明) 연합군이 울산의 왜적을 아무리 공격하여도 번번이 실패로 돌아갔다. 이에 다시 경주로 후퇴한 연합군은 궁리하기를 서생포 왜성은 도산성을 구원하기 위하여 많은 왜적이 출동하여 없으리라고 판단하였다. 그리하여 야심한 밤을 틈타서 우리 군대의 결사대가 서생포로 잠입하여 회야강에 있던 적을 맞아 100여 명의 목을 베는 전과를 올렸으므로 이 강을 일승강이라 부르게 되었다는 것이다.

회야강은 '돌배미강'의 한문 새김

'회야강(回夜江)'이라는 이름은 언뜻 '밤에 돌아왔다'는 뜻으로 풀이될 수 있고 밤에만 흐르는 강이라든지, 어떤 낭만적인 사연들을 떠올리게 할 것이다. 그러나 이 강 이름은 우리말 '돌배미강'의 한문 새김이다.

이 강이 웅촌면과 웅상면 지역의 넓은 들을 휘돌아 흐르고 있으므로 '논배미를 돌아서 흐르는 강'이라는 뜻으로 '회야강(回夜江)'이 된

임진전란의 역사가 물들어 있는 울산의 회야강

것이다. 논배미(들, 평야)를 '야미(夜味)' 또는 '야(夜)'로도 썼는데, 경기
도 안산시 대야미동(大夜味洞) 같은 경우가 그런 이름이다. 이처럼 회
야강이 우리말의 '돌배미강'이라는 이름에서 비롯되었다고 할지라도,
한편 이 강이 그 당시 왜적을 무찌르기 위하여 밤에 돌아왔다는 사실
과 신통하게 일치하고 있는 점은 새겨둘 만한 이야기인 것이다.

　새벽이 없는 밤은 없으며, 저물지 않는 해도 없다. 해가 뜨는 것은

태양계의 역사가 시작된 태고 이래 변함없는 자연의 질서이다. 그 태양은 어둠을 물리치며, 빛과 따뜻함을 주는 절대적 희망으로서 인간 존재의 근원이라 할 수 있다.

서생면의 간절곶이 이 땅에서 가장 먼저 해가 뜨는 곳이라는 사실을 이미 아득한 옛날의 지명에서 암시하고 있었던 것을 보면서, 배달겨레의 광명사상(光明思想)이 동해의 이 땅이름에 깃들어 있음을 깨닫게 된다.

울산시 서생면 간절곶의 해맞이 행사는 2000년 1월 1일 이후 이곳에서 해마다 대대적으로 열리고 있고, 철도청에서 간절곶 해맞이 열차를 운행하기도 하였다.

5

그 밖의 땅이름 이야기

영양군 읍령과 행곡령
고을 폐지되자 세곡 짊어지고 울면서 넘은 고갯길 200리

泣嶺 行哭嶺

고개 위에는 우리 선인들의 눈물과 한숨과 탄식이 있었다. 산짐승 때문에, 도둑 때문에, 그러나 그보다 더욱 힘든 것은 짐을 지고 가파른 고개를 오르내려야 하는 그 육신의 고통이었을 것이다. 여기에서 소개하려는 곳도 바로 그런 고단스러운 고개 가운데 하나이다.

경상북도 영양군 영양읍에서 동쪽의 영덕군 영해로 넘어가는 양구리에 흔히 울티(울치) 또는 읍령(泣嶺)이라고 부르는 산마루가 있다. 또 영양 읍내에서 서쪽 서부리의 작약봉(芍藥峰)이 남으로 이어진 곳에서 청기면으로 통하는 고개를 행곡령(行哭嶺) 또는 팔수곡(八水谷)이라 부른다. 이 두 고개는 지금은 모두 차도가 뚫려 교통에 불편이 없고, 무엇보다 울티재는 영양군과 동해안을 잇는 중요한 수송로가 되었다.

조선왕조 태종 때 영양 고을에는 현(縣)을 두었으나, 영해부(府)의 속현(屬縣)이 되어서 고을 원(員)과 관리가 상주하지 않았다. 주민들이 끈질기게 복현(復縣) 운동을 벌인 결과 300년이 지난 숙종 때에야 비로소 관리를 두어 다스리게 되었다.

그러기에 그 300년 동안 영양 고을 주민들은 영해부 관리들의 수탈과 하시천대(下視賤待)를 받았고, 조세·환곡 등 각종 세금으로 내는 곡식을 짊어지고 가까이는 왕복 200리, 멀리는 300리 이상 고개를 일일이 넘어 운반해야만 하였다.

조선시대 고을인 군이나 현이 속현으로 강등되거나 폐지되는 경우는 그 고을에 불명예스러운 일이기도 하였지만, 실제로 피해를 직접적으로 당하는 이는 어질고 힘없는 백성들이었던 것이다.

그런데 여기서 울면서 넘는 고개 읍령과 행곡령에서 '읍(泣)'과 '곡(哭)'의 글자에는 상당한 차이가 있다. 가령 읍령의 '읍'은 "무성출체자왈읍(無聲出涕者曰泣) 종수(從水) 입성(立聲)"이라 하여 소리없이 눈물만 흘린다는 뜻이요, 행곡령의 '곡'은 "애성야(哀聲也) 종옥성성(從獄省聲)"으로 소리내어 운다는 뜻이니, 우는 이의 목소리가 옥살이하는 이의 호소처럼 애절함을 드러낸다는 뜻이다.[1]

그때 백성들이 무거운 짐을 짊어지고 험한 고개를 넘고 깊은 계곡을 건너면서 눈물을 흘렸던 고개에는 읍령이나 행곡령이라는 이름이 남아서 옛 사람들의 고통을 전해주고 있는 것이다.

---

1) 이돈주,《한자학총론》, 박영사, 2000, 357·448쪽.

춘천시 뜨내리재와 마작산

온몸으로 저항한 열녀 무작개의 육신이 묻힌 곳

麻作山

요즈음 연예인이 인기가 오르고 평판이 좋아지면 그를 "떴다"고 하거나 "뜬다"라고 하는 모양이다. 그러나 뜨는 때가 있으면 반드시 떨어질 때도 있으니, 그것이 세상살이의 한 모습이 아니겠는가.

그런데 뜨고 내리는 '고개'가 있다면 믿을 사람이 아무도 없을 것이다. 그러나 우리 설화 속에는 분명히 떴다 가라앉았다 하는 고개가 있다.

강원도 춘천시 신북읍 천전리(泉田里), 샘밭 마을로 통하고 있는 이곳에 높이 605미터의 마작산(麻作山) 또는 마적산(馬蹟山)[1]이라는 뫼가 있고, 이 뫼 아래에는 뜨내리재 또는 부침치(浮沈峙)라고 부르는 고개가 있다.

병자호란 때의 일이다. 신북읍 유포리에 살던 이돌봉(李乫封)이라는 농민에게 무작개(無作介)라는 젊은 아내가 있었다. 그녀는 용산리에 살았던 실존 인물이라고 한다.[2] 이곳을 지나가던 오랑캐들이 젊은 무작개를 보자 겁탈하려고 달려들었다. 용감했던 무작개는 달려드는 호병의 턱을 머리로 받아 이를 분질러 놓았다. 이에 성난 호병은 무작개의 머리 가죽을 벌겋게 벗겨버렸다. 호병이 다시 달려들자 무작개는 호병의 국부(局部)를 붙들고 늘어졌다. 이번에는 붙들었던 두 손이 잘렸다. 그런데도 호병이 다시 겁탈하려하자 무작개는 입으로 그 코를 물어서 잘라냈다.

전해지는 바로는 성난 호병이 무작개의 온몸을 토막토막 잘랐고, 무작개의 잘라진 몸뚱이들은 토막으로 잘릴 때마다 땅에서 풀쩍풀쩍 뛰어오르며 반항하였다고 한다. 나중에는 그녀의 시체를 인근 땅속에 묻자 그 땅까지 들썩거렸다.

여기서 '뜨내리재'란 땅이 떴다 내렸다 하였다는 뜻이며, 그래서 '부침치(浮沈峙)'라고도 불렀던 것이다. 그 끔찍했던 현장이 바로 무작개의 주검이 묻혔던 뜨내리재이며, 이 산도 그녀의 이름을 따서 무작산(無作山)이라 하였는데, 뒤에 마작산으로 바뀌었다고 한다.

그 뒤 병자호란이 끝나자 조선은 청국에 신하의 나라가 되었고, 이때부터 청인들은 그들의 소금을 조선의 각 고을에 팔아서 큰 이득을 보게 되었다. 이 소금은 되놈들이 파는 소금이라 하여 '되소금'으로 통하였는데, 되소금 장수가 강원도 두메산골까지 누비며 소금을 팔았다.

그러나 이 뜨내리재에 이르면 고개가 떴다 내렸다 하므로 되소금 장수가 소금짐을 뒤엎어 놓고 현기증 때문에 머리가 돌아 발광하고 만다는 소문까지 퍼졌다.

그러기에 되소금 장수는 (비단 소금뿐만 아니라 되놈이 파는 물건이면 무엇이든지) 이 뜨내리재를 넘지 못하고 길이 몇 곱절이나 더 먼 낭천(狼川) 길을 따라서 양구로 돌아가곤 하였다고 한다. 말하자면 무작

뜨내리재

개의 혼백이 그들을 넘지 못하게 하였던 것이다.

신북읍 유포리 일대에서 뜨내리재와 무작개의 이야기를 현지 확인하였는데, 뜨내리재는 지금 화천군 간동면으로 통하는 배후령(背後嶺)의 아래쪽(버들개 북쪽)을 말하고, 현지에서는 '뜨랏재(뜨내리재)'로 통하고 있었다. 또 그 골짜기도 '무짓골'이라 부르고 있었는데, 이 또한 '무작개'의 이름이 골짜기에 남아 있는 것을 확인하였다.

그런데 이제 뜨내리재 아래 동남쪽으로는 소양강댐이 건설되고 나루터가 생겨서 양구·인제 쪽을 다니는 배가 닿고 뜨며, 또 사람들이 뜨고 내리는 곳이 되었으니, 청나라 병사에게 무참히 난도질당하고도 들썩거렸던 옛 여인 무작개의 정절을 오늘에 와서 다시 기리고 있는 것처럼 보이기도 한다.

> 옷처럼 검은 점, 흰 것은 뼛가루,
> 거기에 아, 단사(丹沙)같이 붉은 빛
> 흥건히 흐른 피, 옛날의 피가
> 이것은 쇳조각에 그려 놓은 꽃
> ……

이 시는 당나라 시인 이하(李賀)의 〈장평전두가〉 가운데서 뽑은 것이다. 전쟁은 병사들이 치르지만 그 전쟁의 그늘에 가려진 여인들의 수난, 그 가운데서도 조선 여인의 매서운 정절이 땅이름 속에서 지금도 들썩거리고 있는 것 같으니, '뜨내리재'는 단순한 땅이름이 아니라 참으로 "쇳조각에 그려 놓은 꽃"처럼 가슴에 새겨지는 이야기인 것이다.

본래 인간 만사에 부침(浮沈)이 있고 기복이 있는 것은 당연하다고 할지라도, 불행한 우리 역사 속에 앙금처럼 가라앉아 있는 뜨내리재의 사연은 가슴을 저미는 아픔으로 다가온다.

이곳 신북읍 일대는 고대 맥국(貊國)의 유적지이다. 인근의 남면 발산리에는 삼한골[三朝谷]이 있고, 맥국의 궁궐터가 있었다는 왕대산(王臺山)도 있다. 《동국역대총목(東國歷代總目)》에 따르면 이 맥국 터에는 "단군의 신하 팽오(彭吳)의 통도비(通道碑)가 있다"고 하였다.[3]

옛 맥국, 삼한의 정기를 이어받은 여인이기에 무작개의 저항은 그리도 맵고 처절하였던가. '열(烈)'이 비록 시대에 따라 변해간다고 할지라도, 무작개와 같은 처절무비의 열(烈)이 고금에 과연 다시 있을 것인가.

---

1) '마적산'은 아득한 옛날 대홍수가 나서 온 세상이 물에 잠겼는데, 이때 이 산 꼭대기가 말 발자국, 즉 마적(馬跡)만큼 남았기 때문에 마적산이라고 불린다는 전설이 있다.

2) 한림대 박물관, 《춘천의 역사와 문화유적》, 1997, 445~452쪽.

3) 한글학회, 《한국지명총람 2》(강원편), 1996, 465쪽.

광화문 비전과 남원시 비전리

이름에 담긴 일제의 상처, 잘못된 광화문 '비각'

碑殿 碑殿里

'전하'와 '각하'가 다르듯, '비각'은 '비전'이 옳다

서울 종로구의 운현궁(雲峴宮) 복원 공사 때 '합하(閤下)'라는 말이 씌어진 상량문이 발견되어 대원군을 '합하'라고 불렀다는 사실을 알게 되었다. 합하는 대개 정승 반열의 존칭어이고, 정이품(판서급:오늘날의 장관급) 이상은 '대감(大監)', 정삼품(참판급:오늘날의 차관급) 또는 종이품 벼슬은 '영감(令監)'이라고 불렀다. 또 '합하'를 그 사람의 성씨에 붙여서 '김합(金閤)'이라고도 불렀는데, '김합'이라 하면 '김 정승'을 뜻하였다.

한말의 세도정치로 유명한 안동 김씨 가문의 김좌근(金左根) 정승도 '김합'으로 통했는데, 그때 '나합'이라는 또 다른 정승이 백성들의 입방아에 오르내렸다. 이 나합은 바로 김좌근의 첩인 나주 기생이었다. 김좌근을 배경으로 한 그녀의 세도가 하도 당당하였기에 그리 불리게 된 것이다. 어느 날 김합이 나합에게 "항간에 너를 보고 '나합'이라 부른다고 하는데, 어인 연고인가?" 하고 물었다. 이에 나합이 대답하기를 "세상 사람들이 여자를 빗대어 부를 때 '조개'를 '합

(蛤)'이라 하오니, 나합의 '합'은 합하의 '합(閤)'이 아니옵니다" 하고 둘러댔다는 이야기가 전해진다.

우리가 형제자매의 아들딸을 일컫는 말인 '조카[姪]'도 본래 한자말인 '족하(足下)'를 소리 나는 대로 적은 것으로 보는 견해가 유력하다. 진(晉)나라 문공(文公)이 숨어 지낼 때, 자기 허벅지 살을 베어 먹이면서 그를 모셨던 개자추(介子推)는 문공이 집권한 뒤 자기를 몰라주자 산속에 들어가 불을 지른 뒤 나무 한 그루를 끌어안고 타 죽고 말았다.

이것을 알게 된 문공이 개자추가 끌어안고 죽은 나무를 베어다가 나막신을 만들어 신고서 "족하(足下), 족하" 하고 그를 불렀다고 하며, 나막신이 여기서 비롯되었다는 설도 있다.[1] 이 족하가 중국의 전국시대에는 '천자족하'니, '대왕족하'니 하여 임금을 부르는 존칭어가 되어 상대방의 '발아래'라는 뜻으로 사용되었고, 뒤에는 임금의 발아래서 일을 본다 하여 사관(史官)을 가리키기도 하였다고 한다.

이처럼 상대방을 높여 부른 존칭어에는 여러 가지가 사용되었는데, 가장 높은 말부터 정리해 보면 다음과 같다.

- 폐하(陛下): '섬돌 폐(陛)'자로 궁궐의 계단을 말하며, '섬돌의 층계 아래'라는 뜻. 황제에 대한 칭호.
- 전하(殿下): '큰 집 전(殿)'자로서 궁궐의 집을 말함. '임금이 정사를 보는 전각 아래'라는 뜻. 제왕(諸王)이나 황태자에 대한 칭호.
- 성하(聖下): '성인 성(聖)'자로서 천주교에서 교황에 대한 칭호.

· 합하(閤下): '쪽문 합(閤)'자로서 샛문이나 누각, 관공서 또는 궁궐의 작은 문을 말함. '정사를 보는 다락방 문 아래'라는 뜻. 삼공(三公:영의정. 좌의정. 우의정)에 대한 칭호.

· 각하(閣下): '집 각(閣)'자로서 문설주 또는 관청이나 누각을 말함. '누각 아래'라는 뜻. 중국에서는 '합(閤)'과 같은 격으로 쓰였으나 우리나라에서는 일제 때부터 사용되기 시작하였고. 일본 왕이 임명하는 칙임관(勅任官)이나 군대의 소장 이상에 대한 칭호로 사용됨.

· 휘하(麾下): '대장기 휘(麾)'자로서 '대장 깃발 아래'라는 뜻. 장군에 대한 칭호.

· 절하(節下): '마디 절(節)'자로서 '사신의 신표 아래'라는 뜻. 중국에서 잠시 태수에 대한 칭호였으나, 뒤에 사신(使臣)에 대한 칭호가 됨.

· 족하(足下): '발 족(足)'자로 '발아래'를 뜻함. 오늘날에는 변하여 존칭어가 아닌 말이 됨. 자기의 바로 아래 항렬이 되는 형제자매의 자녀[姪]에 대한 칭호.

· 슬하(膝下): '무릎 슬(膝)'자로서 '무릎 아래'라는 뜻. 부모에 대한 칭호.

그러므로 조선시대 선비들이 사용하는 칭호에는 '전(殿)'이나 '합(閤)'과 같은 글자를 쓰지 못하였고, 대개 '당(堂)'이나 '재(齋)', '헌(軒)'과 같은 글자를 붙여서 건물 이름인 당호[堂號, 별호(別號)]를 사용하였다.[2]

　무엇보다 '각하(閣下)'라는 칭호는 일제를 거치면서 이 땅에 뿌리를 박았다. 일제는 우리 임금을 '전하'에서 '합하' 또는 '각하'로 낮추어 불렀으며, 광복한 뒤에는 이것이 남발되어 귀하신 분에게 무턱대고 '각하'라고 부르기도 하였고, 친한 사람끼리 농담 삼아 부르기도 하였다.

　이런 폐단 탓인지는 몰라도 '비전(碑殿)'을 '비각(碑閣)'으로 불러서 우리 스스로 조선왕조의 격을 낮추고 있는 사례가 있다. 바로 '광화문 비각(碑閣)'이라는 말이다.

　서울 세종로 네거리 입구의 교보빌딩 앞 사거리에 서 있는 조그만 옛 건물에는 분명 '기념비전(紀念碑殿)'이라는 편액(扁額)까지 걸려 있는데도 사람들 사이에 '광화문 비각'으로 통하고 있기에 하는 말이다. 비전이나 비각은 모두 비석을 보호하기 위하여 세운 집을 말하지만, 그 격에서는 앞에서 '전하(殿下)'와 '각하(閣下)'의 차이처럼 의미가 크게 달라진다.

　광화문에 서 있는 기념비전은 1902년(광무 6) 5월 4일 고종 임금이 나이 51세가 되고, 또 보위에 오른 지 만 40년이 되자 기로소(耆老所)[3]에 들어간 일을 기념하여 세워진 것이다. 이 사실을 알리고 기념하기 위하여 비를 세우고, 이를 보호하는 정면 3간, 측면 3간의 다포식 건물을 세웠는데, 그 자리는 원래 기로소가 있었던 자리이다.

　이 비전의 남쪽 정면에는 돌로 무지개문을 세우고 당시 6세이던 영친왕 이은(李垠)의 글씨로 '만세문(萬歲門)'을 새겼고, 문짝에는 태극 문양을 넣었다. 그러나 일제 식민지 때 일본인이 이 만세문을 떼어 내다가 충무로에 있는 여염집 대문으로 사용하였는데, 1954년 그

광화문 기념비전

것을 다시 찾아왔으며, 오늘날 비전 건물은 1979년 해체·복원된 것이다.[4]

동강난 비전(碑殿) 마을의 황산대첩비

그런데 이 '비전'을 동네 이름으로 한 마을이 있다. 이 마을의 비전도 역시 일본 제국주의의 상처가 그대로 남아 있어서 서로 좋은 비교가 된다. 전라북도 남원시 운봉읍 화수리에 있는 이 마을은 서쪽에 대첩비가 있고, 이 대첩비를 보호하기 위한 건물로 비전이 있으므로 마을 이름도 '비전(碑殿)'이 된 것이다.

1380년(고려 우왕 6) 함양으로 침입한 왜적이 남원으로 진출하자 이성계가 운봉에서 이를 무찔렀는데, 그 싸움에서 전설적인 왜적의 장수 아지발도를 활로 쏘아 죽이고,[5] 왜적을 물리친 것을 기념하여 조선 선조 때 황산대첩비(荒山大捷碑)를 이곳에 세웠다. 그러나 일제가 식민통치 시절에 이 비를 그대로 두었을 리 없다. 황산대첩비는 그들에 의하여 동강 나서 비전 안에 누운 채로 아픈 역사를 증언하고 있다.

> 경상도는 함양이요, 전라도는 운봉인데, 운봉 함양 두 고을 품에 흥부 가 사는지라…… 흥부가 어디에 살았는고 하니 팔량치 재 밑에 살았 것다.…… 연재[6]를 넘어 비전(碑殿)을 지나 흥부집에 당도하니……

판소리〈흥부가〉에 나오는 대목인데, 여기에도 '비전' 마을이 등장 하고 있다. 조선 태조 이성계의 공적을 기리는 비석이 이 대첩비요, 그 대첩비를 지키기 위하여 나라에서 세운 집이니 '비전'이라는 이름 이 합당하다. 사정이 이러함에도 우리는 서울 광화문 비전을 '비각' 이라고 부르고 있다. 잘못된 관행을 속히 바로잡아야 하겠다.

일제에 의하여 동강난 대첩비를 모시고 있는 비전 마을은 이름 그 대로 기념비적인 마을이다. 이 마을에서는 조선시대 명창으로 알려 진 송흥록, 송만갑을 비롯하여 근세의 박초월 등이 모두 이곳 출신 으로 이들의 생가가 보존되고 있다. 동편제 소리의 역사를 간직하여 판소리꾼들 사이에는 "내 소리 받아가라"는 전설을 지닌 마을이요, 그 명성이 널리 알려진 곳이다.[7]

거기에다가 이곳은 판소리〈흥부가〉의 흥부 마을과도 멀지 않고, 부근에는 이성계가 황산 싸움 때 날이 어두워지자 달을 끌어다가 밝게 하여 싸웠다는 인월리(引月理, 인월면 소재), 한 노파가 나타나 이성계에게 승리를 기원하였다는 여원치(女院峙), 마한의 황 장군과 정 장군이 지켰다는 황령치와 정령치 등등 숱한 전설들이 녹아 있다.

이런 전설을 두고 왈가왈부할 필요는 없다. 전설은 전설일 뿐이며, 그것의 시비를 따지는 일이야말로 쓸데없는 짓이다. 전설은 우리 국토의 역사와 연륜을 나타내는 이끼와 같은 것이며, 국토를 살찌우는 휴먼 엔터티(human entity)와 같은 것이라고 해두자.

---

1) 이규태, 〈한국학 에세이〉, 《주간조선》, 1996. 6. 6, 94쪽.

2) 정약용의 호인 여유당(與猶堂), 성삼문의 호 매죽헌(梅竹軒), 허초희의 허난설헌(許蘭雪軒)과 같은 예이다. 허난설헌의 '허(許)'는 성씨이고 '난설헌'은 당호이다.

3) 기로소(耆老所)란 조선 태조 때 설치되었는데, 정이품 이상의 관원이 나이 70이 넘으면 들어가며, 노인으로서 예우하고자 세운 기관이다. 이 기로소에는 태조가 60세, 숙종이 59세, 영조가 51세에 들어간 예가 있다.

4) 이홍환, 〈세종로……칭경기념비〉, 《주간한국》, 2001. 11. 22.

5) 이성계의 운봉 황산 싸움은 그가 왜장 아지발도를 활로 쏘아 죽여 그 자리가 피로 붉게 물들었다는 '피바위'를 비롯하여 동무듬, 서무듬, 중군리 등 여러 지명이 남아 있다.

6) 연재는 여원치(女院峙)를 말함.

7) 안정호(남원시 운봉읍 사무소 공무원)의 증언.

서울 태릉과 말죽거리
피바람 그칠 날이 없었던 조선의 '측천무후'

泰陵

> 여자 임금이 위에 있고, 간신 이기가 아래서 국권을 농락하니 나라가
> 장차 망할 것을 서서 기다리게 되었다. 어찌 한심치 아니하랴.

이것은 조선 명종 때 정미사화의 발단이 된 '양재역 벽서'(1547)의
내용이다. 사건의 발단이 된 조선시대의 역(驛)은 원래 공무로 여행
하는 사람에게 말을 제공하고 숙식을 주선하던 곳으로서 대개 30리
간격으로 배치되었다.

그 가운데서도 양재역은 상급(上級)의 대로(큰 길) 역으로 나라에
서 중요시하던 서울 주변 12개 역 가운데 하나였는데, 삼남 지방으
로 통하는 교통의 요충지로 더욱 특별하던 곳이다.

그 양재역의 위치는 오늘날 서울의 서초구청이 있는 사거리 부근
이며, 지금도 지하철 양재역이 설치되어 있는데, 이 일대를 또 '말죽
거리'라고도 불렀다.

전해지는 말인즉 '이괄의 난' 때 인조가 황급히 남쪽으로 피난하다
가 이곳에 이르렀는데, 유생들이 팥죽을 쑤어서 임금에게 바치니 왕

양재역 부근의 말죽거리 표지석

이 말 위에서 내리지도 못한 채 그 죽을 다 마시고 갔으므로 이곳을 '말죽거리'라고 부르게 되었다고 한다.

생각하건대 이곳은 관리들에게 말을 제공하는 역이 있었던 곳이고, 그 말을 먹이는 곳(말 먹이＝말죽, 소 먹이＝소죽)이었으므로 '말죽거리'라 불렸던 것 같으나, 임금이 창황망조(蒼黃罔措)하여 허둥대던 모습을 비꼬아 후대에 꾸며진 말로도 볼 수 있다.

이 양재역의 벽에 조정을 욕하는 붉은 글씨로 벽서가 씌어져 붙어 있는 것이 발견되었으니 조정이 발칵 뒤집힐 수밖에 없었다. 크게 노한 문정왕후(당시 윤 대비)는 "이는 을사사화의 남은 무리들이 한 짓"이라 하여 여러 선비들을 잡아 죽이고 유희춘, 이언적 등 당대의 명현(名賢) 수십 명을 귀양 보내는 등 이른바 정미사화를 불러일으켰다.

본래 어질고 재주 있는 사람이 많다고 하여 '양재(良才)'라 불렸다고 하는데, 뜻밖의 벽서 사건으로 나라 안의 어질고 재주 있는 선비들이 참화를 입었던 것이다.

이때가 조선왕조사에서 여인이 왕처럼 군림하던 시절이었다. 조선 제13대 임금 명종의 모친 문정왕후는 명종이 12세의 어린 나이로 등극하자 수렴청정을 하였는데, 역사가들은 이때를 당나라의 측천무후 시대에 빗대기도 하였다.

'수렴청정(垂簾聽政)'이란 왕이 나이가 어릴 때 왕대비나 대왕대비(임금의 모친 또는 할머니)가 임금을 대신하여 수렴, 즉 발을 늘어뜨려 놓고 그 안에서 정사를 처리하던 제도이다.

문정왕후가 나라를 다스리던 시대에는 하루도 나라가 편안할 날이 없었다.

당시 많은 선비들이 나라의 앞날을 걱정하였는데 이때 한 선비가 당대의 이름난 풍수가인 남사고(南師古)에게 "나라가 어느 때나 편안케 되겠느냐"고 물었다. 이에 남사고가 말하기를 "동쪽에 태산(泰山)을 봉한 후에야 비로소 나라가 편안하게 되리라"고 하였다.

과연 1565년(명종 20) 문정왕후가 죽어 서울 동쪽에 묻히고, 그 능을 '태릉(泰陵)'으로 봉하니 비로소 나라가 안정되어 남사고의 예언이 적중하였다고 기록하고 있다.

그런데 "동쪽에 태산을 봉(封)한다"는 말에는 내력이 있다. 중국에서는 나라의 수호산으로 오악(五嶽)을 받들어 모셔왔으며, 오악 가운데서도 동악(東嶽)의 태산(泰山)을 으뜸으로 쳤다. 이 태산은 따로 대종(垈宗)이라고도 불렸으며, 제왕(帝王)들이 하늘에 스스로 천자임을 고하는 봉선(封禪)의 예를 행하던 곳이다.

오악 가운데 왜 하필 동악인 태산에서 봉선 의식을 행하느냐 하는 데에는 여러 해석이 있다. 사실 태산은 산 높이로 따져 보아도 1천 500여 미터에 지나지 않으며 중국에 이보다 높은 산도 얼마든지 있기 때문이다.

그러나 산은 높이만 가지고 그 신성함을 논하는 것이 아니다. 중국은 주나라 이전까지 동이족이 지배하였으며, 그때 중국의 왕조는 모두 동이족의 제후들이었으므로 동쪽이 바라다 보이는 태산에 올라 황제의 자리에 오르는 것을 고하는 것이라는 주장이 설득력이 있다. 곧 황하 주변의 주류가 조선족이었고, 지금의 중국 민족은 서역에서 온 민족으로 보기 때문이라는 것이다.

태릉은 서울 노원구 공릉동 화랑로 북쪽에 있다.

문정왕후는 부군인 중종과 함께 묻히지 못하고 아들 명종의 능인 강릉 아래 묻혀 있어, 죽어서도 아들 곁에서 성깔을 부리고자 하는 과부의 모습처럼 보이기도 한다.

지금은 울창한 숲과 인공호수 등이 잘 조성되어 있어 사람의 발길이 끊이지 않으며, 젊은 연인들의 데이트 장소로도 인기가 높다. 그러나 6·25 사변 당시 공산군 1개 사단이 주둔하고 있었던 곳이므로 미군의 폭격으로 능의 정자각 등이 모두 없어지고 기단만 남았으며, 아직도 능의 석물에는 총탄 자국이 여기 저기 남아 있어 살벌한 느낌을 주기도 한다.

태릉

또 태릉 옆에 국가대표 선수들의 사격훈련장과 육군사관학교가 있어서 총소리가 그치지 않는 것도 피바람 그칠 날이 없었던 그녀의 생애를 떠올리게 한다.

중종이 살아 있을 때 후궁인 경빈 박씨의 아들에게 사약을 내리게 하였다든지, 전 왕비 윤씨 소생의 아들(뒤에 인종, 동궁)을 죽이려고 불을 지르는가 하면, 수렴청정 뒤에는 을사사화를 일으켜 60여 명의 신하를 사형 또는 귀양 보냈고, 성종의 손자인 계림군을 쇠로 단금질 하다가 죽였으며, 봉성군은 귀양 보냈다가 평창에서 목 졸라 죽여버리는 등 피에 굶주린 이리처럼 매일 사람을 죽이다시피 하였다.

명종 20년 동안 문정왕후의 총애를 받던 보우대사가 석탄일을 맞아 왕후를 모시고 성대한 법회를 열려고 하였다. 구름처럼 모여든 승려들을 먹일 밥을 수천 석이나 해놓고 보니 밥의 색깔이 마치 피로 물들인 것처럼 붉으므로 사람들이 이상하게 생각하였다.

이때 문정왕후가 죽었다는 전갈이 왔으며, 이 소식을 들은 승려와 백성들은 모두 놀라서 뿔뿔이 흩어져버리고 말았다. 기질이 드센 그녀도 자연의 섭리에는 어쩔 수 없었던 듯, 1565년 4월 창덕궁에서 향년 65세로 죄 많은 일생을 마친 것이다.

장황하게 문정왕후의 일대기를 나열하였지만 태릉의 숲에 앉아 생각해보는 문정왕후의 일생에 대한 결론은 한마디로 '인간의 어리석음'으로 귀착되고 만다.

사실 '양재역의 벽서'라는 것도 이를 처음 발견한 사람이 당시 집권 세력인 윤원형의 일파였으며, 또 을사사화 때 윤원형의 수법으로 보아 이 벽서 사건도 음모의 냄새가 짙으나, 이것이 반대파를 제거하기 위한 조작극이었는지 지금 확인할 길은 없다.

속초시 영랑호, 금강산 영랑봉, 횡성군 영랑리, 원주시 영랭이

곳곳에 남아 있는 1천 200년 전 신라 화랑 영랑의 발자취

永郎湖 永郎峰 永浪里

영랑(永郎)은 생몰년을 알 수 없는 신라의 화랑(花郎)이다. 신라 효소
왕 때 화랑인 술랑(述郎), 남랑(南郎), 안상(安詳)과 함께 사선(四仙)으로
널리 알려진 인물로 그의 발자취가 여러 곳에 지명으로 남아 있다.

> ……천년 지난 지금도 여섯 글자 보기에 분명하네.
>
> 바람은 영랑호에 불고, 달은 안상정(安詳汀)에 떴네.
>
> 외로운 술 항아리로 배 대인 곳,
>
> 여기를 원래 봉래(蓬萊), 영주(瀛洲)라 한다네.[1]

신라 화랑인 영랑의 발자취는 고려와 조선시대 문인들 사이에도
널리 알려져서 강원도 고성군 금강산 삼일포(三日浦)의 바위에 새겨
진 "영랑도(永郎徒) 남석행(南石行)"이라는 여섯 글자를 답사하는 사
람들이 많았다고 한다.

근래 학계에 알려진 울산광역시 울주군 두동면 천전리 각석(刻石)
에도 '술년 6월 2일 영랑성업(戌年六月二日永郎成業)'이라 새겨진 글씨

가 보이고 있는데, 이곳은 그가 화랑으로서 수련을 모두 마친 것을 기념하여 새긴 것으로 해석하고 있다.

속초시 영랑동의 영랑호는《신증동국여지승람》에 따르면 "호수 동쪽 작은 봉우리가 절반쯤 호수 가운데로 들어갔는데, 이곳에 옛 정자 터가 있으며, 영랑의 신선 무리가 놀던 곳"이라고 기록되어 있다.

전설에는 신라 화랑인 영랑·술랑·남랑·안상이 금강산에서 수련하고, 삼일포에서 3일 동안 쉬다가 금성(경주)으로 가는 길에 영랑호에서 쉬게 되었다. 이때 영랑은 호수의 경치에 취하여 무술대회에 나가는 것도 잊었다고 하며, 이 일로 이곳을 '영랑호'라 부르게 되었다고 한다.《삼국유사》에 화랑 영랑의 낭도(郎徒)로 진재(眞才)와 번완(繁完) 등이 특히 유명하였다는 기록이 보이는데, 여기에 언급된 영랑이 바로 신라 효소왕 때의 영랑으로 보인다.

영랑봉은 금강산의 내금강 태상 구역에 있으며, 수미암(須彌庵)의 뒷봉우리이다. 어느 겨울에 수미암의 한 스님이 부엌에 놓은 화로를 헤쳐 놓은 흔적이 있어서 하룻밤을 지켜보았다. 그러자 밤에 벌거벗고 전신에 털이 난 사람이 들어와서 불을 쪼이므로 나가서 물어보니, "나는 영랑이라는 신선"이라고 하였다고 한다. 그가 살았던 봉우리이므로 이를 '영랑봉'이라고 불렀다는 것이다.[2]

이 밖에도 금강산에는 영랑의 이름을 붙인 영랑재[峴]가 있고, 금강산에서 남쪽으로 이어지는 해안에는 영랑대(臺), 영랑암(岩) 등 네 사람의 선인(仙人)들이 노닐고 즐긴 행적이 있다. 강원도 횡성군 둔내면 영랑리는 선유암에서 영랑이 놀았다고 전해지고 있으며, 원주

시 행구동의 영랭이(영랑촌)도 신라 화랑 영랑에서 비롯된 이름으로
보고 있다.

동해안 지역에 남아 있는 '영랑'이라는 이름은 그들이 풍류를 즐기
던 곳이기보다는 당시 해안을 노략질하던 왜구를 방어하던 화랑들
의 방위 초소이거나, 출정하는 젊은이들이 결의서천(結義誓天)하는
제단으로 보는 견해도 있다.[3]

---

1) 이행 외, 《신증동국여지승람》, 고전국역총서, 민족문화추진회, 1985, 565쪽.

2) 김기빈, 《가고픈 산하, 북녘의 땅이름》, 지식산업사, 1990, 165쪽.

3) 이규태, 《선비의 의식구조》, 신원문화사, 1984, 103~104쪽.

북한 청천강, 괴산군 청천면, 산청군 시천면

남북한 세 개의 살수(薩水), 물살이 센 강

青川江 青川面 矢川面

"이집트는 나일강의 선물"이라고 그리스의 역사학자 헤로도투스 (Herodotus, 기원전 484~425)는 설파하였다. 대개 문명의 발상지는 강을 따라서 이루어지기 때문이다. 강물이 영원한 것은 끊임없이 흐르기 때문인데, 스스로 흘러가되 반드시 저마다 이름을 가지고 흐른다. 이집트의 나일(Nile)강은 국토를 관류하는 단 한 줄기 큰 강(작은 물줄기야 있겠지만)으로서, '일/il/'이 강이라는 뜻이며 여기에 관사 '나/na/'가 붙었으니 일체의 수식어가 없이 오로지 '강'이라는 의미만 지녔다.

모든 강물은 바다에 이르고 그 바다와 하나가 됨으로써 강물이 지녔던 본래의 이름은 사라지고 다만 '바다'로 불려질 뿐이라고 부처는 말하였다. 예를 들어, 낙동강(洛東江)은 그 발원지(기점)인 강원도 태백시 황지천 상류에서 부산광역시 강서구의 낙동강 하구(종점)까지 길이 506.17킬로미터, '리'로 바꿔 말하면 1천 265리에 걸쳐서 '낙동강(洛東江)'이라는 이름으로 우리 국토에 존재하고 있으며, 낙동강 물은 바다에 들어감으로써 육지의 이 골물 저 강물이 아닌 바다 그 자체가 되는 것이다.

> 살수(薩水) 출렁거려 푸른 하늘에 잠겼는데,
> 수나라 군사 백만이 물고기 밥이 되었구나.
> 지금도 어초부(漁樵夫)의 이야기로 남아서
> 나그네의 웃음거리도 되지 않는다네.[1]

이것은 여말 선초의 학자인 조준(趙浚)이 청천강에서 노래한 시이다.

하천과 강 이름에 대하여 역사적으로 가장 깊은 관심을 갖고 연구해 온 인물이 바로 다산(茶山) 정약용(丁若鏞) 선생이다. 그는 한강의 본래 이름을 '열슈(洌水)'라고 보았고, 지명 연구가답게 해박한 지식으로 수많은 강물 이름에 대하여 풀이하였다.[2]

그는 고구려 을지문덕 장군이 수나라 군사를 무찔렀던 살수대첩지의 살수(薩水)를 지금 북한의 평안남도 안주시와 평안북도 박천군 사이 청천강(靑川江)에 비정(比定)하였는데, 그러면서 그는 "우리나라에는 '살수'라는 이름을 가진 강이 셋 있다"고 말하였다.

그 하나는 청주(淸州)의 청천(靑川)으로 신라 장군 실죽(實竹)이 싸웠던 살수요, 두 번째는 진주(晉州)의 청천(靑川)으로 옛날 살천부곡(薩川部曲)이 있었던 살수이며, 세 번째는 살수대첩지인 청천강이라고 하였다.

여기서 첫 번째 살수인 청천은 옛 청천현이자 지금의 충청북도 괴산군 청천면이 되는 지역으로서 남한강의 지류인 달천 상류의 이름을 말한다. 두 번째 살수인 청천은 지금의 경상남도 산청군 시천면 지역이다. 이곳은 원래 진주군의 시천면인데 1906년 산청군에 편입

되었으며, 남강(南江)의 상류로서 지리산 천왕봉에서 흘러내리는 덕천강(德川江)의 옛 이름이다.

북한의 청천강을 포함한 이 세 개의 강은 모두 '살(薩)＝청(靑, 淸)'으로 나타나고 있으며, 산청군의 시천(矢川)도 '시(矢)＝살(화살)'로서 역시 살수＝살내를 나타내고 있다. 이것으로 미루어 볼 때, 옛말 '살'은 북한의 살수(薩水) 〉 청천강, 청주의 살매(薩買) 〉 청천[3], 진주의 살천(薩川) 〉 청천(靑川) 〉 시천(矢川)이 되어, 모두 우리말 '살'을 적기 위한 한자 표기의 하나였음을 알 수 있다. 또 '살'이 붙은 강들을 보면 대개 '물살'이 세고 빠른 강줄기에 '살' 자가 붙었음을 알 수 있다.

---

1) 이행 외,《신증동국여지승람 Ⅵ》(안주목 편), 고전국역총서, 민족문화추진회, 1985.

2) 정약용 지음, 북한과학원 옮김,《대동수경(大同水經)》, 여강출판사, 1992.

3) '살매'의 '매(買)'는 고구려 지방에서 물을 나타내는 말로서 매는 곧 물[水]과 같다.

여수시 초도
말 먹이용 풀 기르던 곳, 장례 때 초분 풍속

草島

나는 나 자신의 나날을 살아왔다. 나는 흥청거리며 즐겼고,
마시고 싶은 술은 빠짐없이 마셨다. 아주 옛날 나는 존재하지
않았다. 그 후 나는 존재했다. 이제 다시 나는 존재하지 않는다.
아무려면 어떻단 말인가.

이것은 오래된 어느 로마인의 무덤에 씌어 있던 묘비명이라고 한다.

그런가 하면 시인 롱펠로는 인간의 심장 박동을 "무덤을 향하여
장송곡을 두드리는 드럼소리"로 묘사하였다. 모든 생명은 일회용이
며 그 삶의 여정은 죽어가는 과정일 따름이다.

사람이 죽어서 묻히는 무덤은 '묻다'의 어근 '묻'에 명사형어미인
'음(엄)'이 더해져 '무덤'으로 된 것이지만, 사람이 죽으면 모든 희로애
락에 무덤덤해질 것이므로 그래서 '무덤'인 것 같기도 하다.

모든 무덤은 초분(草墳)이라고 할 수 있다. 무덤에 풀이 나지 않는
무덤은 최영 장군의 적분(赤墳) 외에는 없을 것이기 때문이다(그러나
최영 장군의 무덤도 이제는 푸른 풀로 덮였다).

그런데 우리의 장례 풍습에서 말하는 초분은 그 성격이 사뭇 다르다. 여기서 말하는 초분이란 관을 매장하고 흙으로 봉분을 만드는 것이 아니라, 주검을 관에 넣어 풀이나 짚으로 덮기 때문에 생긴 이름이다. 이 초분은 초빈·풍장·초장·고름장·구토·손님떡달 등 지역에 따라 여러 가지로 불리며, 주로 전라남도의 남해안 지역과 섬 지방에 남아 있는 풍속이다.

이 장례 방식은 임종부터 입관까지는 유교식으로 하되, 땅에 매장하지 않고 관을 야산의 나무 또는 돌축대나 평상 위에 얹어 놓고 그 위에 풀이나 짚으로 덮어 두었다가 1~3년이 지나서 살이 썩으면 뼈만 추려서 다시 땅에 묻는 복장제(復葬制)이다.

초분은 시신을 바위나 나무 위에 얹어 놓아 비바람을 맞게 하고 새나 짐승에 맡겨 그 먹이로 소멸시키는 풍장(風葬)·조장(鳥葬) 등과 통하며, 또 강이나 바다에 시신을 수장하여 물고기의 먹이로 공여(供與)하는 장례 방식도 있다고 한다.

그런가 하면 초분을 하는 지역에서 죄인이나 억울하게 죽은 영혼은 초분 절차를 거치지 않고 바로 땅속에 매장하는데, 그 까닭은 그 영혼이 원귀가 되므로 빨리 묻어 가두는 벽사(辟邪)의 의미라고 한다.

전라남도 여수시에 속한 초도는 섬에 새(풀)가 많아서 '초도(草島)'라 불리게 되었다고 한다. 그리고 이 섬이 조선시대에 주변 지역의 여러 말 목장에 말먹이용 풀을 공급했기 때문이라는 설도 있다.[1]

그런데 이 섬은 장례 풍습상 앞에서 설명한 초분이 유명하였던 곳으로 고흥 지방의 여러 섬들과 함께 초도의 초분 풍속이 널리 알려졌

초 도

던 곳이다(그러나 초도 출장소 공무원의 말에 따르면, 근래에는 초도에서도 초분 풍속을 보기 어렵다고 한다).

초도와 초분, 그리고 말 목장에 공급되던 풀. 그러고 보니 '초로인 생(草露人生)'이라는 말이 있고, 또《풀잎처럼 눕다》라는 책을 본 기억이 난다. 그 풀과의 인연이 이 초도에 여러 형태로 남아 있었기에 땅이름의 인연이나 숙명성, 예언성을 떠올리게 되는 것이다.

1) 김현수(전라남도 여수시 초도 출장소 공무원)의 증언.

남해군 암수바위와 밥무덤

남해 남근바위는 우리나라 남성 성기신앙의 메카

"양다리 사이 수룡궁, 심줄 방망이로 길 내자"

…… 용궁 속의 수정궁(水晶宮), 월궁 속의 광한궁(廣寒宮) 너와 나와
합궁(合宮)하니 한평생 무궁(無窮)이라. 이 궁 저 궁 다 버리고, 네 양
다리 사이 수룡궁(水龍宮)에 나의 심줄 방망이로 길을 내자꾸나.

판소리 〈춘향전〉에 나오는 한 대목이다. 이 도령이 온갖 사설을
다 동원하여 춘향이를 어르고 달래는 장면이다. 암수는 서로 대립되
는 짝이다. 둘이 결합하여 이루는 합일(合一)을 통해서 완전해지고
교정(矯正)되는 불완전한 존재인 것이다.

이 음양사상은 하늘을 양(陽), 땅은 음(陰)으로 태양은 양, 달은 음
으로 육지는 양, 바다는 음으로 산은 양, 강은 음으로 봉우리는 양,
골짜기는 음으로 심지어 한강 가운에서도 물살이 센 북한강을 수물,
물살이 잔잔한 남한강을 암물이라 하였으니, 삼라만상이 '양의(兩儀)'
와 비교되지 않은 것이 없다.

마찬가지로 음양에서 비롯된 지명에는 암수와 관련된 이름이 많고, 더욱이 남녀의 성기를 이름으로 하는 경우도 전국적으로 셀 수 없이 많다. 자지바위, 보지바위에 남근암, 여근암, 옥문바위는 그래도 점잖은 편이며, 좆바위, 씹바위, 공알바위와 같은 원초적 성격이 담긴 이름도 곳곳에 있다. 이 밖에도 옥녀바위, 개씹바위, 밑바위(이상 여자), 총각바위, 촛대바위, 말좆바위, 미륵바위(이상 남자) 등 그 종류를 다 열거할 수 없다.[1]

말하자면 삼천리 방방곡곡 마을마다 대개 한두 개의 남근이나 여근을 뜻하는 이름들이 분포하고 있는 것이다. 이런 이름들을 분류해 보면 남근석이나 여근석은 대개 고대 성기숭배 신앙의 흔적과, 아들을 바라는 기자신앙(祈子信仰)이 결합한 형태로 보는 견해가 가장 지배적이다. 둘째로 풍수지리상 여자의 기, 곧 음기가 강한 곳에 남근석을 세워 음기와 양기가 조화를 이루도록 하는 풍수 비보적(裨補的) 성격으로 보는 견해도 있다.[2]

하기야 풍수지리설에서 좌청룡(左靑龍), 우백호(右白虎)는 사람의 두 다리를 상징하고, 그 가운데 있는 묏자리는 여근을 뜻하는 것으로 보기도 한다. 또 묘 앞에 세우는 망주석(望柱石)은 남근을 상징하며, 여근인 무덤과 남근인 망주석의 성력(性力)에 따라 자손들이 번창하고 복 받기를 소망하는 것이라고 풀이하기도 한다.

가천 마을 높이 5.8미터, 둘레 4미터의 늠름한 남근바위

이상히도 생겼네. 맹랑히도 생겼네. 전배사령 서렸는지 쌍걸낭을 느
직하게 달고, 오군문 군뢰런가, 복덕이를 붉게 쓰고, 냇물가의 물방안
지 떨구덩 떨구덩 끄덕인다. 송아지 말뚝인지 털 고삐를 둘렀구나. 감
기를 얻었던지 맑은 코는 무슨 일꼬. 칠팔월 알밤인지 두 쪽 한데 붙어
있다. 물방아, 절굿대며, 쇠고삐, 걸낭, 등물 세간살이 걱정 없네.

이것은 판소리 〈변강쇠가〉에서 옹녀가 변강쇠의 물건(?)을 보면
서 비유한 사설이다.

어느 민속학자가 '우리나라 좆 신앙의 메카'라고 단언한 바 있는,[3]
남해의 남근바위는 경상남도 남해군 남면 홍현리 가천 마을 바닷가
산기슭에 있다. 현지에서는 미륵바위로도 통하고, 도로 표지판에는
'가천암수바위'로 표시되어 있으나, 이 바위를 소개한 책자나 마을의
아이들 사이에는 '좆바위', '씹바위'일 수밖에 없다. 그 모양이 너무도
절묘하기 때문이다.

우리나라에서 같은 종류의 바위 가운데 가장 큰 것으로 보이는데
높이 5.8미터 둘레 약 4미터의 이 거대한 남성바위는 그 생김새나, 알
맞은 각도로 서 있는 모양이 민속학자 주강현의 말대로 '좆신앙 1등급
반열'에 올려놓을 수밖에 없을 것이다.

이 바위를 보려면 서울에서 대전-통영 간 고속도로로 진주에 이
르러 남해 고속도로로 갈아타고, 서쪽의 하동에서 다시 19번 국도를

가천 암수바위 가운데 남근바위

따라 남쪽으로 내려가야 한다. 남해에 들어가서도 이동면 소재지인 무림리에서 지방도 1024호로 바꿔 타고 서남쪽으로 해안도로(산비탈 길)를 달리다 보면 가천 마을이 나온다. 이 도로의 아래쪽으로 바다를 향해 내려가면 마을 가운데 밥무덤이 나오고, 그 아래 암수바위가 서 있다.

바다를 등지고 마을을 향하여 비스듬하게 곧추선 수바위 옆에는 배부른 여인 같은 암바위가 짝을 이루고 있다. 이 바위의 우람하고 늠름한 모양을 보면 생각나는 이야기가 있다. 바로 가야국 김수로왕과 신라 지철로왕의 거대한 성기 이야기다.

가락국의 김수로왕은 그 음경(陰莖)이 참으로 장대하였던 모양이다. 백성들이 낙동강을 왕래하는데 건너다니기 불편해 하는 모양을 보고, 왕이 자신의 남근을 강 양쪽에 걸쳐 놓았다. 그랬더니 사람들이 이것을 다리인 줄 알고 건너다녔다. 하루는 어떤 이가 지게에 짐을 지고 건너가다가 다리 한 가운데서 쉬어 가는데, 마침 곰방대를 꺼내서 담배를 피운 뒤 무심코 다리 바닥에 곰방대를 탁탁 털었다. 그 바람에 왕의 거대한 물건이 화상을 입은 것이다. 이 일로 왕의 남근에 검은 점이 생기게 되었는데, 그 뒤로 김해 김씨 남자들의 남근에는 검은 점이 있다는 것이다.

'동제'에서 '미륵제'로 이어지는 마을 축제

한편 신라의 제22대 지철로왕(지증왕)은 남근의 길이가 1척 5촌(약 45센티미터)이나 되었다고 《삼국유사》에 나와 있다. 물건이 하도 커서 보통 여자와는 도저히 짝을 지을 수가 없었는데, 마침 모량부 상공(相公)의 집에 키가 7척 5촌이나 되는 큰 여자가 있어서 그 여자를 맞이하였다고 한다.[4] 과문한 탓인지는 모르지만, 한 나라 국왕의 남근의 크기가 이처럼 구체적인 숫자로 기록되어 있는 경우를 나는 아직 문헌에서 본 적이 없다.

남해의 암수바위는 경상남도 민속자료 제13호로 지정되어 있다. 안내문에는 땅속에 묻힌 것을 1751년(영조 27) 음력 10월 23일 캐낸 것이라고 쓰여져 있다. 남해 현령 조광진의 꿈에 한 노인이 나타나서 이 바위가 묻힌 곳을 알려주었다는 것이다. 그 뒤 이 바위에 자식 없는 사람들이 공을 들이면 아들을 얻었기 때문에 '미륵바위' 또는 '미륵불' 등으로 불렀다고 한다.

한편 가천 마을에는 특별한 민속자료로 '밥무덤'이 있다. 이 무덤은 마을의 중앙과 동·서쪽 세 군데에 만들어져 있는데, 해마다 음력 10월 15일에 주민들이 모여 중앙의 밥무덤에서 동제를 지내고 있다.

밥무덤은 남근바위가 있는 꽃밭으로 내려가는 길목에 있으며, 사각형의 굴뚝처럼 생겼다. 제사를 지낼 때에는 초헌, 아헌, 종헌의 순서대로 제사를 마치면 마을의 풍요를 기원하는 소지(燒紙)를 다섯 번 올린다고 한다. 그리고 한지에 밥을 싸서 밥무덤에 묻고 돌로 눌러 놓는다. 일주일쯤 지나서 10월 23일이 되면 밤 12시쯤 좃바위로 가서 미륵제를 올리는데, 이 미륵제를 지내기 위하여 가천 마을에서는 미륵계(대동계)를 만들어 운영하고 있단다.

말하자면 밥무덤의 동제는 남근바위의 미륵제를 지내기 위한 식전 행사이자, 그 전야제로서 마을의 번영과 풍요를 기원하는 축제 행사인 것이다.

거대한 물건, 남해 남근바위.

남해군 삼동면에는 '물건리'라는 특이한 마을 이름이 있다. 물론 이것은 남성의 성기를 뜻하는 그 '물건'이 아니다. 남해군에는 이곳 가천의 다랭이논을 비롯하여 금산의 쌍홍문, 글쎈(쓴)바위 등 곳곳에 진기한 자연의 명품, 손에 꼽을 만한 물건(?)들이 많으니 이것도 '물건리'라는 그 이름 탓으로 치부해 두자.

우리의 전통 민속놀이인 차전놀이나 고싸움놀이는 여근을 상징하는 암동앗줄에 남근을 상징하는 수동앗줄의 코를 뀀으로써 남근과 여근의 교합, 음양의 조화를 촉진하고, 이를 통하여 다산(多産)과 풍요를 기원한다.

자연은 외설이 아니다. 인간들이 무엇이라고 부르건 푸른 바다를 등지고 우람하게 서 있는 남근바위는 그 생식력을 통한 다산적 풍요를 상징하고, 우리 옛 사람들의 종교관과 세계관을 함의(含意)하고 있는 것이다. 이런 측면에서 볼 때 우리네 성기숭배 신앙은 낯 뜨거운 외설이 아니다. 이 점에 관하여는 우리 나름대로 성에 관한 담론이 구축되어야 할 것이다.

---

1) 예를 들면 '자지'나 '좆'이 들어간 이름이 60여 개소, '보지'나 '씹'이 들어간 이름이 50여 개소쯤 되지만(한글학회,《한국땅이름큰사전》) 실제는 이보다 훨씬 더 많을 것으로 보고 있다.

2) 김두규,《복을 부르는 풍수 기행》, 동아일보사, 2005, 25쪽.

3) 주강현,《주강현의 우리문화 기행》, 해냄, 1997, 59~61쪽.

4) 일연,《삼국유사》기이 1, 지철로왕조, 도서출판 장락, 1998, 77쪽.

울산시 쟁골과 활천리

동도명기(東都名妓) 전화앵과 출천지효(出天之孝) 이야기

活川里

동도명기(東都名妓) 전화앵의 무덤이 있는 쟁골

고려 때 한 기생의 무덤이 있는 고개를 《동국여지승람》 고적조에 실고, 여기에 고려 명종 때의 시인 김극기(金克己)가 그녀의 죽음을 애도하는 조시(弔詩)까지 소개하고 있는 것은 참으로 보기 드문 기록이 아닐 수 없다.

먼저 그의 시를 한번 살펴보자.

옥 같은 얼굴 혼을 재촉해 간 지 오래인데
하늘 끝에 다만 층층한 산꼭대기 보이네.
무협신녀(巫峽神女)의 비는 무협에서 거두고
여인(麗人)의 바람이 낙천(洛川)에서 끊어졌네.
구름은 춤추는 옷자락처럼 땅에 끌리고
달은 노래하는 부채인양 하늘에 떠 있네.
지나가는 길손이 몇 번이나 꽃다운 자질 슬퍼했던고.
수건 가득히 붉은 눈물 흘린다네.

이 시는 경주부에 있었던 열박재라는 고개를 소개하면서, 이 고개가 동도(東都:경주)의 명기(名妓) 전화앵(囀花鶯)이 묻힌 곳이라 하였다. 마치 전화앵의 무덤이 있으므로 고적에 올라있는 것 같다.

그렇다면 전화앵은 어떤 기생이었을까. 시인으로 문집을 150여 권이나 남긴 당대의 문장가 김극기가 그처럼 애도한 기녀였다면 적어도 경주 지방의 사내들을 울릴 만큼 재색이 뛰어난 명기이거나, 혹은 수절 기녀로서 12세기 말의 고려에서 널리 알려진 기생임에 틀림없을 것이다.

그러나 불행히도 그녀에 관하여 자세히 전해지는 바가 없다.

그런데 이 시에 따른다면 "수건 가득히 붉은 눈물 흘린다네" 하였으니, 한낱 기녀인 그녀를 생각하며 많은 길손들이 피눈물을 흘렸다는 뜻이 된다. 말하자면 그녀의 죽음에 말 못 할 슬픈 사연이 있으나 이를 자세히 거론하지 않은 것 같다.

또 "무협신녀의 비는 무협에서 거두고"라고 하였는데, 이 구절의 내력은 이렇다. 중국 초나라의 양왕이 꿈속에서 무산의 신녀와 베개를 같이하고 꿈같은 시간을 보냈다. 그 신녀가 떠나면서 자기는 무산의 남쪽 높은 언덕 위에 사는데, 아침에는 구름[雲]이 되고, 저녁에는 비[雨]가 된다고 하였다. 양왕이 그녀의 말을 듣고 무산에 그녀의 사당을 세웠으며, 그때부터 남녀 간의 교접을 '운우(雲雨)' 또는 '무산(巫山)'이라 부르게 되었다.

또 "여인(고려인)의 바람이 낙천에 끊어졌네"라고 탄식하였는데, 낙천은 위나라 조식(조조의 아들)이 시에 낙천의 여신 복비(宓妃)의 아름다움을 찬양한 것을 말한다. 모두가 기녀 전화앵의 아름다움과 그 행적을 여기에 비유한 듯하다.

울산광역시 울주군 두서면 활천리(活川里)의 북서쪽 골짜기를 재 앤골 또는 쟁골이라 하는데, 이곳은 열박산의 고개 부근이 되며 바로 전화앵의 묘가 있는 곳이다. 활천리의 재앤골은 바로 전화앵의 묘가 있어서 붙여진 이름으로 전화앵골 〉 재앤골 〉 쟁골이 된 것이다. 지 금은 전화앵의 무덤이 어느 것인지 그 형태도 알 수 없게 되었고 '쟁 골'이라는 토박이말 지명만 남아 있다. 어찌 보면 인간 만사, 쾌락의 '운우'가 곧 구름과 비처럼 덧없음을 뜻하는 것 같기도 하다.

자식은 또 낳아도 되지만 아버님은 오직 한 분

활천리(活川里)를 글자 그대로 풀이하면 '살내' 또는 '살린내'가 된다. 영남 지방에서는 토박이말 그대로 '살그내'라고 불리고 있다. 그리 고 활천리에는 그 전에 '충효비' 하나가 있었다고 한다.

옛날 살그내에 박 씨 부부가 살고 있었다. 박 씨는 날마다 일어나 산에 나무하러 나가고, 그 아내는 매일 밭에 나가는 것이 일과였다. 효성이 지극한 부인은 어느 해 날씨가 추워지자 화로에 숯불을 이글 이글 피워 놓고 윗목에는 술상을 차려 두었다. 홀로 된 연로한 시아 버님을 모시고 있었기 때문이다. 그리고 박 씨 부인에게는 이제 막 기어 다니기 시작한 아기가 하나 있었다. 아기를 시아버님께 맡겨두 고 부인은 밭으로 나갔다.

그런데 시아버지는 심심하던 차에 며느리가 차려놓고 간 술상을 당겨, 한 잔 두 잔 하는 사이에 그만 취하고 말았다. 술이 취해 잠이 들었던 노인이 눈을 뜨고 보니 이상한 냄새가 방안에 진동하므로 깜짝 놀라 화로를 보니 손자가 그만 불에 엎어진 채 숨져 있었다. 노인이 소스라치게 놀라 어쩔 줄 모르고 허둥대는데, 이때 밭에 나갔던 며느리가 돌아오는 인기척이 났다. 노인은 엉겁결에 그만 드러누워서 눈을 감고 자는 척하였다.

방문을 열고 들어와 방 안의 참혹한 광경을 본 며느리는 정신을 잃을 지경이었다. 그러나 며느리는 자신을 달래며 마음을 진정시켰다. 만약 시아버지가 잠을 깨서 이 광경을 보신다면 행여나 놀라서 실신을 하거나 심하게 자책하실 것이기 때문이다. 그녀는 죽은 아이를 부둥켜안고 뒷산으로 가서 고이 묻고 돌아왔다. 이때 잠이 깬 척하며 일어난 노인은 며느리에게 아기는 어딜 갔느냐고 물었다. 그러자 며느리는 평소와 다름없이 이웃 아이들이 업고 놀러 나갔다고 답하였다.

저녁 무렵이 되자 산에서 남편이 돌아왔다.

부인은 남편을 밖으로 불러내어 그동안 집 안에서 일어난 일을 모두 그대로 남편에게 말하였다. 그리고 부인이 말하기를 우리들은 아직 젊으니 아기야 또 낳으면 될 일이지만, 어쩌다가 아버님이 아시고 마음이 상하여 병이라도 생기면 어찌하겠느냐고 시아버지의 걱정을 하는 것이었다.

이 말을 들은 남편은 아내의 효심에 감탄하였다. 그 자리에서 아내에게 엎드려 큰절을 하였다. 그리고 박 씨는 날마다 집을 나갈 때나 들어올 때마다 아내에게 정중하게 큰절을 하였다. 날이 가고 달이 바뀌는 동안 이 일은 온 마을에 퍼졌다. 사내가 오죽 못났으면 날마다 아내에게 절을 할까 하고 모두 입방아를 찧으며 손가락질을 하였다.

때마침 영조 임금의 명을 받아 영남으로 떠난 암행어사가 있었으니 그가 바로 유명한 박문수(朴文秀)였다. 경주로 내려온 그에게도 박 씨의 이야기가 들렸다. 박문수는 필경 무슨 사연이 있겠지, 그렇지 않으면 그럴 수가 있겠는가 하고 짐작하였다.

마침내 박 어사가 살그내로 박 씨의 집을 찾아오게 되었다.

손님이 한양에서 왔다는 말을 듣자 박 씨는 비록 나무꾼이었지만 옷을 가다듬고 수인사를 하였다. 그리고 나랏일을 걱정하면서 임금님의 안부를 묻는 것이었다. 박 어사는 속으로 크게 놀랐다. 비록 산골 나무꾼이었지만 그의 충성심이 타인의 귀감이 되는 것을 깨달았다. 이렇게 하여 박 어사는 하룻밤을 이곳에서 지내며 박 씨로부터 모든 일의 내막을 듣게 되었다. 그리고 나무꾼 박 씨 부부야말로 하늘이 낸 '출천지효(出天之孝)'의 효부요, 효자인 것을 알게 되었다.

서울로 돌아간 박 어사가 조정에 이 일을 고하니, 조정에서는 그 마을에 정문을 세워 표창하고 큰 상을 내렸다. 그리고 충효비를 세워 그 충성심과 지극한 효성을 기리도록 하였다. 그러나 세월이 흐르는 동안 그 알뜰한 비는 없어지고 한갖 이야기만 구전(口傳)으로 남아 있다고 한다.

시아버님의 과실을 알면서도 오히려 잘못을 감싸고, 자식의 죽음을 눈감았으므로 연로한 아버지가 살아남게 된 것이다. 만약 그 며느리가 그때 아기의 죽음을 슬퍼하면서 시아버님의 잘못을 추궁하였더라면, 결과적으로 자식도 잃고 아버지도 잃었을 것이다.

'활천리(活川里)'는 그 이름대로 효성스런 부부가 늙은 아버지의 목숨을 살린 곳이 되었으니 글자 그대로 '활천' 곧 '살린내'(살그내)가 아니겠는가. 이런 이야기는 그 실제와 진위 여부를 떠나서 많으면 많을수록 좋은 것이다.

활천리! 참으로 그 아니 좋은 이름이 아닐손가.

참고문헌

김부식,《삼국사기》
김정호,《대동여지도》
＿＿＿,《대동지지》
세종대왕기념사업회,《세종실록》(지리지)
일연,《삼국유사》
이행 외,《신증동국여지승람》
서울대학교 규장각,《전라좌도 흥양현지도》외
정약용,《대동수경》
＿＿＿,《아언각비》

강길부,《땅이름 국토사랑》, 집문당, 1997.
개마서원,《우리 고장 문화유산》, 1998.
국제불교도협의회,《한국의 명산대찰》, 1982.
김기빈,《가고픈 산하, 북녘의 땅이름》, 지식산업사, 1990.
＿＿＿,《한국의 지명유래 2·4》, 지식산업사, 1994.
김두규,《복을 부르는 풍수기행》, 동아일보사, 2005.
김장호,《한국명산기》, 평화출판사, 1993.
김추윤,〈버그내와 삽교천 지명고〉, 한국땅이름학회 학술발표회, 2003. 11.
내무부,《지방행정지명사》, 1982.
대전시 서구,《갑천문화》, 2001, 4월호.
도수희,《한국지명연구》, 이회, 1999.
동아출판사,《한국문화상징사전 1》, 1996.
＿＿＿＿＿,《동아세계대백과사전》, 1983.
박용수,《우리의 큰 산》, 산악문화, 2001.

배우리, 《우리 땅이름의 뿌리를 찾아서 1》, 토담, 1994.

백문식, 《우리 말의 뿌리를 찾아서》, 삼광출판사, 1998.

뿌리깊은나무, 《한국의 발견》, 1983.

손광섭, 〈안양 만안교〉, 《건설저널》 9월호, 2004.

수원시, 《수원지명총람》, 1999.

안호상, 《겨레의 역사 6천년》, 기린원, 1997.

영광군, 《영광 모악산 불갑사》, 동국대 박물관, 2001.

이규태, 《서민의 의식구조》, 신원문화사, 1984.

_____ , 《역사산책》, 신태양사, 1991.

이돈주, 《한자학총론》, 박영사, 2000.

이재곤, 《서울의 전래동명》, 백산출판사, 1994.

이형석, 〈이름〉, 《한국땅이름학회지》 14호, 1992.

인하대학교 박물관, 《월미산 일대 문화유적 지표조사 보고서》, 2001.

정재정 외, 《서울 근현대 역사기행》, 혜안, 1998.

조선일보사, 《산》 4월호, 2001.

_____ , 《산》 5월호, 2005.

주강현, 《주강현의 우리 문화기행》, 해냄, 1997.

천소영, 《우리말의 문화 찾기》, 한국문화사, 2007.

한국학중앙연구원, 《민족문화대백과사전》, 1991.

한글학회, 《한국지명총람 1~20》, 1979~1984.

한림대 박물관, 《춘천의 역사와 문화유적》, 1997.

황원갑, 《역사인물 기행》, 한국일보사, 1988.

찾아보기